大窑湾北岸复杂吹填土特性及地基处理技术研究

Research on characteristics of complex filling soil and foundation treatment technology in the North Bank of Dayaowan Port

张　强　刘红彪　韩冉冉　刘正滨　张　雷　编著

人民交通出版社股份有限公司

北　京

内 容 提 要

本书以大连大窑湾北岸吹填土地基处理工程为背景，在总结各类吹填土地基处理方法的基础上，结合大窑湾北岸特殊的工程地质条件，对各类吹填土进行研究，并提出了针对大窑湾北岸各类吹填土的地基处理方法，研究成果可为填海造陆工程及软基处理工程提供技术参考。

本书可供水工建筑、港口工程领域研究、设计、施工人员参考。

图书在版编目(CIP)数据

大窑湾北岸复杂吹填土特性及地基处理技术研究 / 张强等编著. —北京 : 人民交通出版社股份有限公司, 2022.12

ISBN 978-7-114-18306-5

Ⅰ.①大… Ⅱ.①张… Ⅲ.①吹填土—地基处理—研究 Ⅳ.①TU472

中国版本图书馆 CIP 数据核字(2022)第 199797 号

Dayaowan Beian Fuza Chuitiantu Texing ji Diji Chuli Jishu Yanjiu

书　　名：大窑湾北岸复杂吹填土特性及地基处理技术研究
著 作 者：张　强　刘红彪　韩冉冉　刘正滨　张　雷
责任编辑：朱明周
责任校对：孙国靖　宋佳时
责任印制：张　凯
出版发行：人民交通出版社股份有限公司
地　　址：(100011)北京市朝阳区安定门外外馆斜街 3 号
网　　址：http://www.ccpcl.com.cn
销售电话：(010)59757973
总 经 销：人民交通出版社股份有限公司发行部
经　　销：各地新华书店
印　　刷：北京建宏印刷有限公司
开　　本：787×1092　1/16
印　　张：6.75
字　　数：126 千
版　　次：2022 年 12 月　第 1 版
印　　次：2022 年 12 月　第 1 次印刷
书　　号：ISBN 978-7-114-18306-5
定　　价：40.00 元

前 言

港口航道泥沙淤积与沿海底淤堆积，威胁人类的生存和发展。将淤积泥沙抽吸、运送到滩涂区域，经过人工处理后，形成农田和土地资源，可缓解经济发展与建设用地不足的矛盾，为城市建设和工农业生产提供土地资源，且对港口航道综合整治具有十分重要的意义。快速处理吹填淤泥土是围垦造地和滩涂开发中的关键技术问题。

本书以大窑湾北岸为工程背景，在总结各类吹填土地基处理方法的基础上，结合大窑湾北岸特殊的工程地质条件，对各类吹填土的特性进行研究，并提出了针对大窑湾北岸各类吹填土的地基处理方法。本书的研究成果可为港口建设、填海造陆及软基处理工程提供技术参考。

本书是交通运输部天津水运工程科学研究院水工建筑技术研究中心在长期的水运工程地基处理工程实践和大量科学研究中总结形成的。张强、刘红彪、韩冉冉等为本书做出了卓有成效的贡献。

随着地基处理技术的不断发展与创新、人们认知水平的不断提升，本书中的某些观点与方法会随着工程实践的不断深入和研究水平的不断提升而得到改进。受作者的认知水平和经验所限，书中难免存在缺点和不足之处，敬请读者批评指正。

作 者

2022 年 12 月

目　　录

第1章　概　　述

1.1　前　　言

随着沿海地区经济的快速发展,土地资源越发紧缺,利用海底流泥、港池底泥进行吹填造陆便成为大势所趋。

大窑湾为国内著名的四大深水港湾之一,是未来东北亚国际航运中心及大连港"一岛两湾"重点建设的核心港区。按照总体规划,大连市将整体推进航运中心、物流中心和金融中心建设,以航运中心建设为"领头雁",逐步把大窑湾港打造成东北亚重要的国际集装箱新干线。

大窑湾位于辽东半岛南端东侧,地处黄海北岸,是由大孤山半岛、大地半岛、煤窑屯等地环抱而成的天然港湾,岸线长27km,水深5~10m。处于胶辽台隆区复州台陷复州—大连凹陷的中部东侧。自1980年以来,大窑湾历经4次较大范围的钻探,岩土层的分布与性质基本明朗,揭露的地层与陆域相当,自上而下可分为3层:淤泥质土及灰黑色亚黏土、亚砂土,黄色砂卵和黏性土,基岩。其中,淤泥质土及灰黑色亚黏土、亚砂土被用于大窑湾南、北岸吹填造陆工程。

2012年9月,大连港大窑湾北岸港区建设正式拉开序幕。其位于大窑湾北岸区域、大地半岛南侧,与开发中的小窑湾国际商务区毗邻。为了满足大窑湾航道北航段拓宽需要,同时解决港区用地困难,利用湾内淤泥进行吹填造陆便成为港区建设主要途径。但吹填土层厚度不均,成分复杂,处理难度大;此外,吹填淤泥由于形成时间短,属于欠固结土,具有很强的不稳定性和一定的流动性,称为"超软淤泥土",具体表现为含水率高、孔隙比大、压缩性高、密度小、强度低、渗透性小等特点。对这类吹填土采用常规的处理方式难度大、效果差,且处理后往往引起过大的工后沉降,成为吹填土地基处理的大难题。

为了确保大窑湾北岸港区建设的全面实施,受大连港北岸投资开发有限公司的委托,交通运输部天津水运工程科学研究所对大窑湾北岸吹填土地基处理技术难题进行了专项研究,寻找更合理、更经济的地基处理加固技术和方法,使吹填超软淤泥土尽快从泥浆转变为具有一定承载力的地基,对后续吹填土地基处理工程起到指导作用。

1.2 国内外吹填造陆发展现状

随着沿海经济发展和城市建设的开展,土地资源不断吃紧,“向海洋要地”便成为推动沿海地区经济增长的新动力。在经济发展的高速期,对于临海的国家和城市,填海造陆是其有效缓解土地资源紧张的重要途径。

早在13世纪,荷兰便开始实施大规模围海造地,其国土面积的40%来自填海造地,故有“上帝造海,荷兰人造陆”的说法。11世纪,日本在神户通过填海建了一个人工码头,这是日本第一次填海造地。第二次世界大战后,日本开始进行大规模的填海造陆,并逐渐形成了太平洋沿岸的四大工业地带。20世纪90年代,日本进入填海造陆兴建机场的新时期,其中最为著名的是历时8年建成的关西国际机场。在同一时期,韩国也在进行大规模围海造地,其中最为典型的就是仁川国际机场,建成后被誉为“绿色机场”。近年来,阿联酋迪拜耗资140亿美元打造而成的棕榈岛成为世界最大的人工岛,该人工岛由数亿立方米的吹填土建造而成,被誉为“世界第八大奇迹”,见图1-1。

我国海岸线长达1.8万km,水深10m以内的浅海滩涂面积达1005万km^2。我国每年入海泥沙量达17.5亿t,这为填海造陆带来了宝贵的资源。2000年至今,我国围海面积达1.2万km^2,这与沿海地区经济快速发展和海洋利用紧密相关。

香港赤腊角机场工程是一项大型的疏浚吹填工程,如图1-2所示。建成后的香港赤腊角机场被Skytrax评为“五星级”机场,并在2001—2010年七度被评为全球最佳机场,更一直保持三甲之列,被评为“20世纪全球十大建筑”之一。上海洋山港创造了中国吹填方量之最,一期陆域形成围填区最深处达39m,在短短1年半时间里,共吹填2350万m^3,在海上造了125万m^2的陆地,创造了国内围海造陆之最,如图1-3所示。天津南港工业区总规划范围约200km^2,其中填海造陆工程124km^2,大部分用地通过吹填造陆解决,最终形成以重工业、化工产业为主的开发区和港口的综合体,见图1-4。

图1-1 迪拜棕榈岛

图1-2 香港赤腊角机场

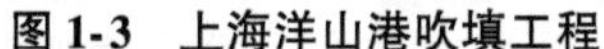

图 1-3　上海洋山港吹填工程

图 1-4　天津南港工业区

1.3　吹填土地基处理技术研究现状

由于吹填区存在自然条件及地质条件的差异,吹填物质颗粒及矿物组成不同,吹填土工程性质差异很大,这使得人们在对吹填土进行地基处理时遇到了许多新问题。对这些新问题进行研究和解决,可极大地推进吹填土地基处理理论和处理技术的进一步发展和完善。

从目前国内外对吹填土的研究情况看,对吹填淤泥的研究热度近年来呈逐年上升的态势。这一研究领域较为广泛,主要包括吹填土的微结构及结构性、矿物组成和物理力学性质、固结特性和沉降计算方法、地基处理方法等几个方面。

1.3.1　吹填土的微结构及结构性

从土的微结构的定义和结构性的定义,可以看出土的微结构和结构性是一个问题的两个方面。土的微结构指的是土粒本身的形状、大小和特征,土粒的空间排列形式、孔隙状态、土粒间接触及连接特性。土的结构性则指的是土体颗粒性状、排列形式及颗粒间的相互作用。由此可见,土的微结构重在研究土颗粒的形状、几何及能量特征,而结构性则重在研究由土的结构而导致的土粒的特性及相互作用。

从土的微结构研究及结构性研究来看,土的微结构概念较土的结构性概念形成得要早。土的微结构概念最早的使用者是 Terzaghi,而给出土的微结构确切定义的则是 W. L. Kubiena。土的结构性概念的提出则经过了较为漫长的时间。Terzaghi 在研究地基极限承载力时,针对地基存在局部破坏的情况,建议采用降低土的强度指标的办法对极限承载力公式进行修正,从某种意义上说这是对土体存在结构性的一种最初认识。在此之后,魏锡克引入临界刚度指标,对地基承载力公式进行了修正,这实际上是考虑了土的强度软化而导致的刚度弱化效应。到了20世纪70年代,土的结构性逐渐成为土力学研究的热门问题,这段时期的研究重点主要在土的结构性对土的物理力学性质的影响。真正系统地论述这一问题的是Burluad。张厚成对天津港吹填土结构性进行了研究,并对提高吹填质量及加速吹填土脱水固结等问题提出初步建议。蒋明镜、沈珠江、邢素英等对国内外结构性黏土的研究现状进行了详细的归纳和总结。

对吹填土微结构和结构性问题的研究起步较晚,但由于国内外大面积吹填造陆工程的兴起而逐渐成为研究的热点问题。刘莹以连云港地区吹填土为研究对象,对其沉积后微结构进行了定量测试,获得结构单元体的等效粒径、丰度、定向频率和定向分维数等定量化数据,这有助于对吹填土的工程特性进行评价。成玉祥通过室内压缩试验、剪切试验和灵敏度试验研究了吹填土的微结构对其力学性质的影响,并在剪切试验过程中拍摄了土样的微观扫描电子显微镜照片,建立了孔隙和结构单元体微结构参数与轴向应变之间的关系。马庆寅通过扫描电子显微镜获得了天津滨海新区软土的微观照片,指出了天津汉沽、塘沽、大港三个地区软土在组构特征上的异同,这有助于天津滨海吹填软土工程特性研究。杨爱武对新近吹填软土结构性形成机制、变形时效性及其与结构性的关系进行了试验研究和理论分析,从微观上对吹填软土流变机理进行了探讨,建立了考虑结构性的吹填软土全经验流变模型以及半理论半经验流变模型。

1.3.2 吹填土的矿物组成和物理力学性质研究

吹填土的矿物组成及物理力学性质对其工程特性有重要影响。陈振荣通过分析上海吹填土的塑性指数,研究了吹填土的工程特性。杨顺安等系统分析了深圳吹填淤泥土的物质组成、微观结构特征及其物理力学特征,认为吹填淤泥物质组成及微观结构与海相淤泥有很大差别,在进行造陆加固方案设计时,必须考虑其特殊的工程特征。文海家等对吹填软土的一般工程性质进行分析归纳,对比了天然软土和吹填软土的主要物理力学指标。彭涛等从吹填淤泥的沉积特征、物质组成、孔隙特征、微观结构、渗透特性、固结特性等方面较为详细地对吹填淤泥的工程地质特征进行了系统的研究。王华敬等利用量筒沉积试验研究了钱塘江吹填土的沉积特性。刘莹等从吹填土的微观结构、矿物组成、物理化学成分等方面,对连云港和青岛两个地区吹填土的工程性质进行了对比,并分析了不同地区吹填土工程性质存在差异的原因。王益国对深圳前湾吹填淤泥在加固过程中的含水率、孔隙比、湿密度、液性指数、十字板强度等进行了试验研究。关云飞从沉积特征、矿物组成、微观结构及物理力学性质方面,对吹填淤泥和天然软土进行了系统的对比,从而为研究吹填淤泥的固结特性和地基处理技术提供了指导。

1.3.3 吹填土的固结特性及沉降计算方法

由吹填土的形成过程可知,吹填土的固结沉降特性与一般软土存在较大的差异。这种差异主要是由吹填土的欠固结特性造成的。由于吹填土自然沉积年限极为短暂,有的甚至只有几个月,吹填土的自重应力对沉降固结过程影响很大,通常情况下采用大变形固结理论进行求解。该理论最早形成于 20 世纪 60 年代,主要的代表人物有 Gibson 和 Mikasa,其中 Gibson 建立了以孔隙比和渗透系数为变量的拉格朗日坐标系下的一维大变形固结理论,Mikasa 建立了以固结比和自然应变为自变量的空间描述的一维大变形固结理论。在此基础上,国内外学者对大变形理论进行了更为深入的研究和推广。方开泽对吹填土进行了一维非线性固结计算。洪振舜在传统一维大变形固结计算模型的基础上,采用显式差分与隐式差分相结合的方法离散固结基本方程,建立了应用更为普遍的一维大变形固结计算模型,开创了国内研究一维大变形固结理论的先河。之后,窦宜、谢永利、谢康和对一维大变形理论进行了更为系统和深入的研究。

在吹填土的固结特性试验研究方面,国内外学者做了大量的工作。Zidarcic 认为通过传统的试验方法得到吹填土的渗透系数和压缩系数是有难度的,这主要是因为吹填土固结过程具有高度非线性的特点。Been、Krizek 则用固结仪在低的有效应力水平下得到了土的压缩系数,并用常水头和落水头试验得到了渗透系数。林政对土的固结系数及渗透系数的原位测试理论、吹填淤泥真空固结特性进行了研究,并利用空腔固结解析解建立了透水元件分别位于探头不同部位的孔压静力触探和现场固结系数测试系统测取地基固结系数的解析解模型。詹良通利用沉积柱试验研究了浙江海域吹填淤泥的自重沉积固结特性,探讨了泥水混合物初始密度、海水中阳离子类型及其浓度对自重沉积固结特性的影响。雷华阳对天津滨海中心渔港地区真空预压处理后和未处理两种类型吹填场地的地基土次固结特性进行了研究,提出了适用于吹填场地基土的次固结系数模型及变形预测方法。

为了对吹填土的沉降固结特性进行更为深入的研究,众多学者开始将大变形理论与离心模型试验相结合。丁金华介绍了软黏土地基及吹填土上土工织物加筋堤的离心模型试验,研究了不同排水条件、不同织物布置方式对堤坝稳定和变形的影响,并通过非线性有限元分析得到了加筋后堤坝侧向变形、沉降及应力的分布规律。刘守华对吹填粉细砂进行了大型离心机试验,研究了吹填粉细砂的土压力、孔压、沉降的变化规律。杨坪基于大变形理论和离心模型试验,对上海临港新城地区冲填土自重固结沉降进行分析,得出冲填土自重固结沉降与时间的关系。

1.3.4 地基处理方法研究

研究吹填淤泥物理力学性质、渗透固结沉降特性是为了找到更好的处理方法，获得更好的工程效益、环境效益和社会效益。目前国内外对吹填淤泥的处理方法主要有两种：一是利用化学固化的方法加固吹填土；二是采取常见的软基加固方法处理吹填淤泥地基。

淤泥固化技术是一种土体改良技术，在淤泥中加入固化剂提高土体的强度，处理周期短。将加固后的淤泥土用于建筑物的地基或者填海工程的土石方，国外已经有不少成功先例。我国近几年也开始注重这方面的研究和应用。吴崇礼在天津塘沽新港吹填土地基上尝试采用粉煤灰进行加固。赵宜峰介绍了采用粉体喷搅法和压密注浆联合加固软弱地基的方法。谢海澜等通过室内试验研究了水泥和石灰混合材料对吹填土的加固效果，并与单独用水泥作为添加剂对吹填泥浆的加固效果进行了对比，通过工程地质性质对比、结构性分析及其他物理化学试验结果分析，找出了加固效果存在差异的原因。傅志斌等采用水泥、石灰、粉煤灰等固化材料对深圳滨海相吹填土进行了固化处理，对比分析了在不同的含水率和掺入配比情况下吹填土被固化材料加固后的强度发展变化情况。但从整体处理过程看，该方法有诸多缺点难以克服，如施工成本高、大面积固化时对施工机械的要求高、固化剂的加入可能造成对环境的二次污染。

常规的软基处理方法主要是从物理方面对吹填淤泥进行加固，如排水固结法、强夯置换法、高真空击密法等，其最大优点就是成本低，对环境污染小。刘肇庆介绍用强夯法加固新近吹填土地基的成功实例，阐述强夯法的加固机理、设计参数的确定及注意事项，并对加固效果进行了验证。武亚军采用高真空击密法对某吹填土场地进行了地基处理试验研究，通过信息化施工方法对其进行了调整与优化，通过静力触探试验与载荷板试验进行检测，验证了加固效果。叶观宝等以江苏省某电厂的吹填土地基处理为例，采用无填料振冲法加固饱和吹填土地基，通过对试验工程中场地的沉降、超孔隙水压力的监测，以及标准贯入试验、静力触探试验和载荷试验，验证了加固效果，并研究了无填料振冲法加固饱和吹填土地基的机理。张选岐等采用低位真空预压法对东钱湖疏浚吹填土进行了现场试验，验证了该法对东钱湖底泥吹填土的加固效果，为东钱湖综合整治工程全面实施提供技术支持。孙召花等采用电渗复合真空预压法对湖相吹填土进行了室内试验研究，试验结果表明交替进行电渗与真空预压，可实现对吹填土的深层处理并节省能量。强夯法和高真空击密法在地下水位高时施工困难且要求原有地基必须具备一定的承载能力，不适合在极其软弱的吹填淤泥地基上使用。由研究现状可知：各地吹填淤泥土性质差异悬殊，采用同样处理工艺的处理效果差别很大，原因主要是未能全面地认识该类土的物理力学性质，处理方法和工艺处于探索阶段。

综上所述,目前处理吹填土的方法主要为从排水固结法、强夯法、振冲法及以水泥为主要固化材料的化学固化等方法中选择一种或几种进行组合。对于吹填淤泥主要采用真空预压法或真空联合堆载预压法进行处理。虽然目前对真空预压机理已经形成较为统一的认识,但由于在软基处理中出现了种种加固效果不理想的现象,越来越多的技术研究人员开始对其工艺和方法进行局部的改进,以便找到更为合理的真空预压技术。目前对真空预压技术的改进主要从以下几个方面进行:①排水系统的改进,出现了长短板真空预压技术、无砂垫层真空预压技术、直排式真空预压技术、复式滤水管网低位真空预压技术以及对滤管及排水板的改进技术;②密封系统的改进,主要有对排水系统的连接部位进行密封改进(如密闭直抽分段式真空预压技术)、对真空预压密封墙、压膜沟进行改进,并出现了自补偿密封式真空预压结构;③真空压力施加系统改进,出现了分离式直连真空预压(水汽分离)技术、增压真空预压技术、气压劈裂真空预压技术、超软土地基梯级真空排水固结技术等。

1.4　本书研究方法

1.4.1　研究内容

本书密切结合大连港大窑湾北岸地基处理工程,系统地研究大窑湾南、北岸吹填淤泥的物理力学性质,并在此基础上分析大窑湾北岸吹填淤泥土固结特性,为研究适用于大窑湾北岸不同区域、不同地质情况的地基处理工法及方案奠定基础。

研究的主要内容如下:

①大连港大窑湾北岸吹填土粒度成分及物理力学性质研究。

②大连港大窑湾北岸吹填土现场原位试验。

③大连港大窑湾南、北岸土性指标对比分析。

④大连港大窑湾北岸吹填淤泥土固结特性研究。

⑤大窑湾北岸不同区域、不同地质情况的地基处理工法及方案研究。

⑥强夯法、排水板真空预压等地基处理方法在大窑湾北岸工程中适用的各项控制参数研究。

1.4.2　技术路线

技术路线见图图 1-5。

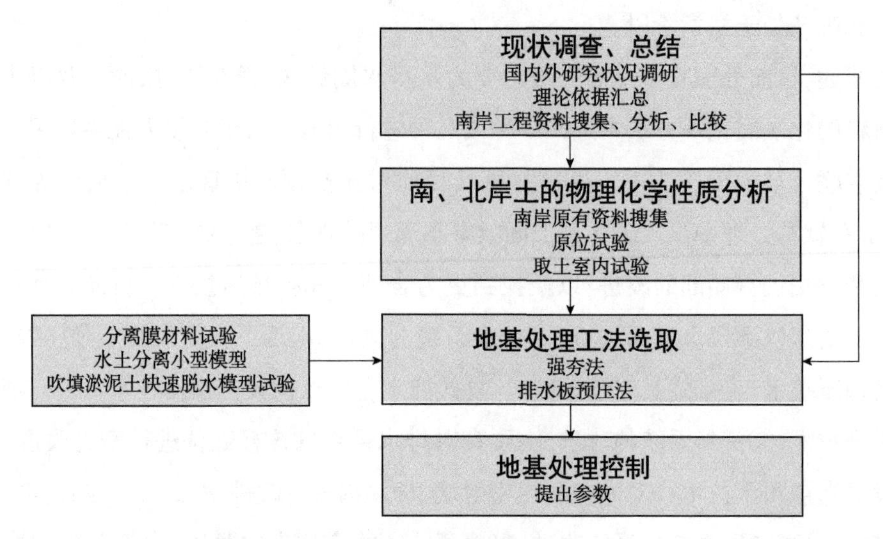

图 1-5　技术路线

通过现状调查及资料分析,对大窑湾北、南岸土性进行分析,并有针对性地结合相关室内试验,研究适用于大窑湾北岸不同区域、不同地质情况的地基处理工法及方案,提出适合大窑湾北岸土性的地基处理工法及参数。

第2章 大窑湾概况

2.1 大窑湾基本情况

大连大窑湾港区位于辽东半岛南端黄海水域的大窑湾内，是大连港现有八大港区之一，也是我国规划建设中的四大深水中转港之一。港区地理坐标为:38°59′N,121°53′E。它与大连港隔海相望，与大连经济技术开发区和大连保税区相连，距沈大高速公路15km，距大连市中心40多km，拥有27km的海岸线，地理位置十分优越。

大窑湾港区由南岸和北岸组成，大窑湾南岸、北岸水域由湾内双航道和南、北航道分隔而成，南、北岸水域轮廓为东西向不规则的长条形，其中北岸水域宽度为204~728m，南岸水域宽度为177~1410m，见图2-1。根据大窑湾港发展规划，港区开发建设分期分步实施。其中，南岸开发分三个阶段进行，共建设大型集装箱泊位22个，到2011年基本已完成。北岸港区码头规划岸线6542m，拟建设7个10万~20万t级超大型集装箱泊位，建设3个7万~10万t级汽车泊位，其中利用港区航道淤泥吹填形成陆域150万m^2。

图2-1 大窑湾规划图

2.2 大窑湾自然条件

大窑湾位于大连湾东北,属海洋性气候。年平均气温为10.2℃,年平均降水量为685.7mm,年平均风速为5.8m/s,台风平均约2年出现一次。大窑湾全年能见度≤1km的雾日数平均为55d,4~7月份的雾日占全年雾日的70.4%。历年最高潮位为5.00m,最低潮位为-1.03m,平均海平面为2.15m,设计高水位为4.00m,设计低水位为0.44m。本海区常浪向为SE向,其次是N向浪,潮流属规则半日潮流,其运动形式基本为往复流,涨潮流速稍大于落潮流速,表层流速大于底层流速。结冰期一般为50d左右,近岸固定冰最大厚度为62cm,冰情以乱柴沟西侧的海域最重,北岸最轻。

2.3 大窑湾地质条件

2.3.1 大窑湾区域地质概况

根据大窑湾地形地貌、地层、构造、第四纪堆积物的分布规律和岩土的物理力学性质,可将大窑湾分为三大类场地:基岩山区场地、山前斜坡场地及海滨河口场地。其中,基岩山区场地多分布在大窑湾南北两侧丘陵的边缘、坡脚及海岸地带;山前斜坡场地分布在乱柴沟一带山坡脚下;海滨河口场地主要分布在大窑湾沿岸近代凹形海积漫滩、一级海积阶地的前缘。

滨海软土地基主要分布在大窑湾湾顶及大地村等低洼的潟湖沼泽、湿地地带。其岩性组成为灰色、灰黄色淤泥质粉砂、淤泥质亚黏土、亚砂土,厚3~5m,具有高含水率、高压缩性、低渗透性、流变性和不均匀性等特点。

2.3.2 大窑湾工程地质条件

根据大窑湾东北侧海域(中段、东段预留泊位)地质勘查资料,水下地层自上而下为①淤泥、②淤泥质粉质黏土、③粉质黏土、④圆砾、⑤黏土、⑥-1全风化板岩、⑥-2中风化板岩、⑦-1全风化辉绿岩、⑦-2强风化辉灰岩、⑦-3中风化辉绿岩,如图2-2所示。淤泥层平均厚度为1.08m,由回淤形成。淤泥质粉质黏土层平均厚度为4.47m。淤泥层、淤泥质粉质黏土层均为灰色或灰褐色,呈流塑状。

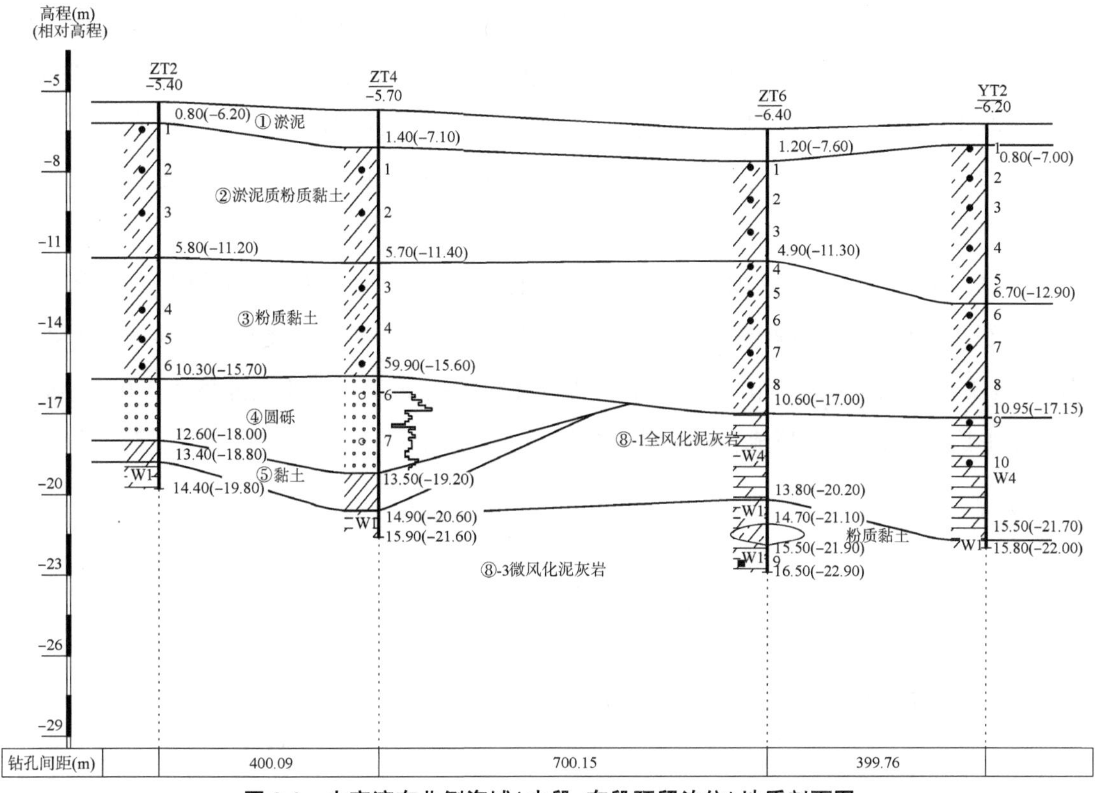

图2-2 大窑湾东北侧海域(中段、东段预留泊位)地质剖面图

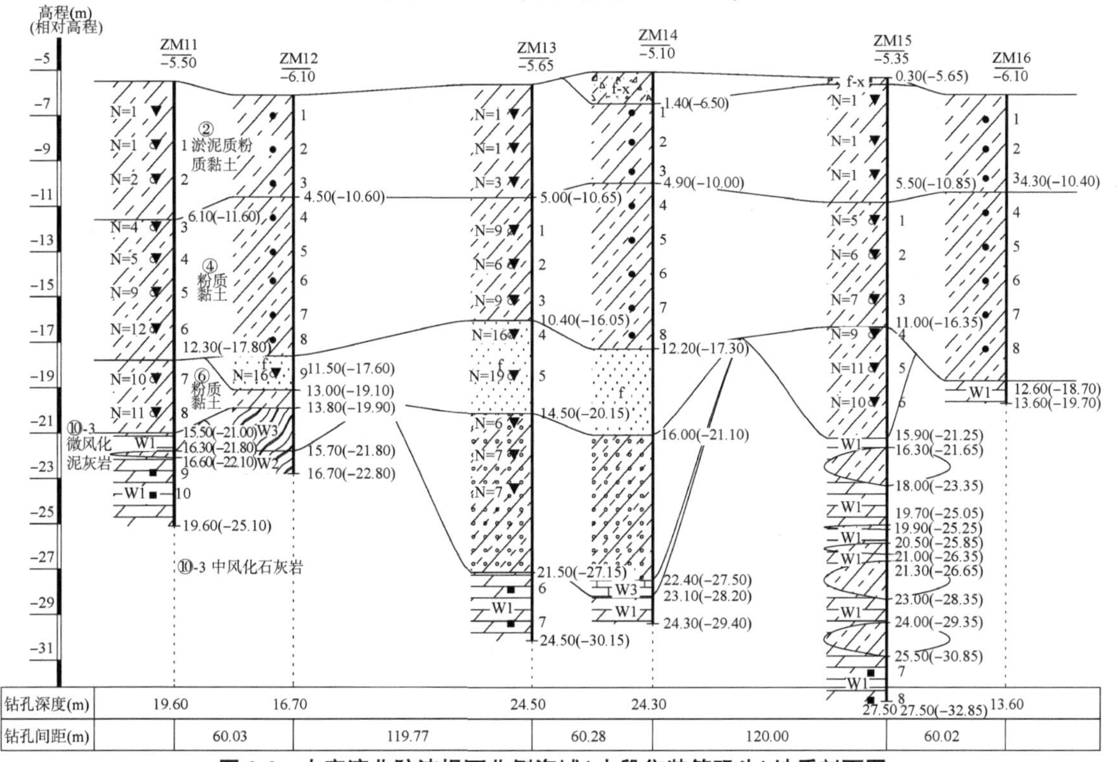

图2-3 大窑湾北防波堤西北侧海域(中段集装箱码头)地质剖面图

根据大窑湾北防波堤西北侧海域(中段集装箱码头)地质勘查资料,水下地层自上而下为①粉质黏土混砂碎砾石、②淤泥质粉质黏土、③粉土、④粉质黏土、⑤粉砂、⑥粉质黏土、⑦粉质黏土混圆砾、⑧-1全风化辉绿岩、⑧-2强风化辉灰岩,如图2-3所示。粉质黏土混砂碎砾石层平均厚度为1.35m,人工形成,黄褐色,呈软塑状。淤泥质粉质黏土层平均厚度为4.07m,灰色,呈流塑状。

根据大窑湾西北侧(北岸1号汽车码头)地质勘查资料,水下地层自上而下为①粉质黏土混碎石、②粉质黏土、③圆砾、④黏土、⑤-1强风化板岩、⑤-2中风化板岩、⑥-1全风化泥灰岩、⑥-2微风化泥灰岩,如图2-4所示。其中,粉质黏土混碎石层平均厚度为1.05m,总体由回淤形成、局部为人工形成,灰色,呈流塑状。

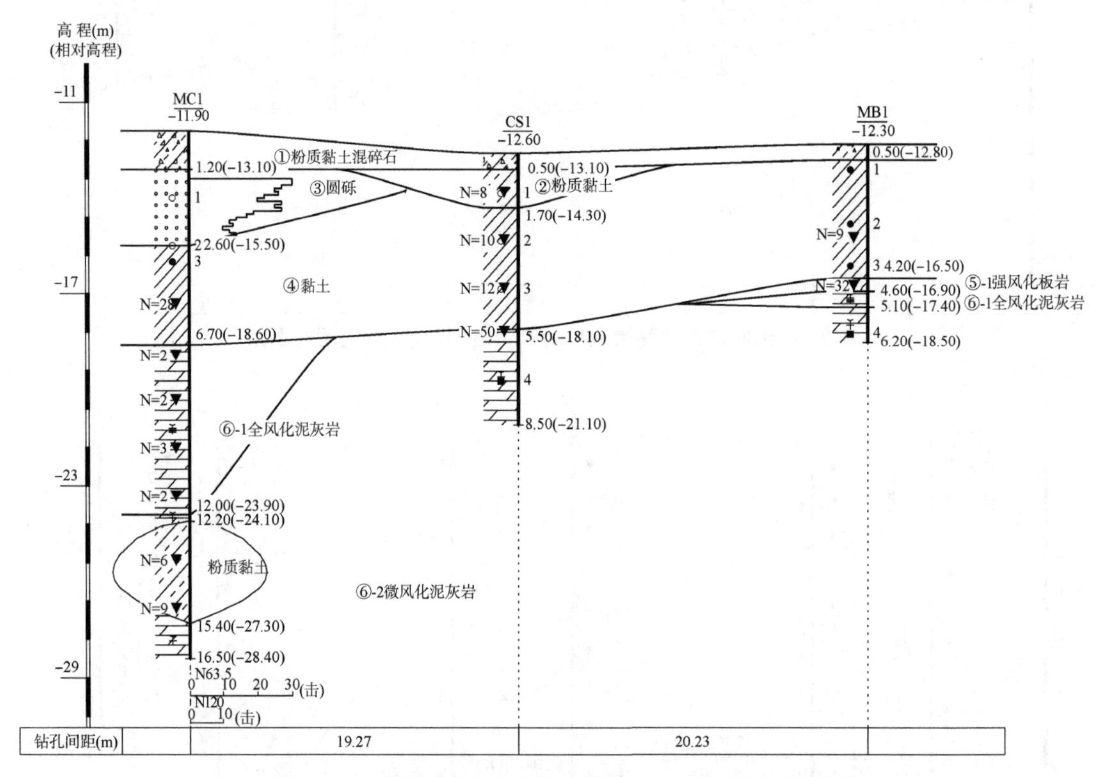

图2-4　大窑湾西北侧(北岸1号汽车码头)地质剖面图

2.4 小　　结

通过对大窑湾所处的地理位置、自然条件以及地质条件的描述,可以得到如下几点结论:

①大窑湾地理位置重要,自然条件优越,为建设深水港提供了便利条件,其建设有利于

东北地区经济的发展。

②通过分析大窑湾的区域地质条件,了解大窑湾地层分布情况,并结合海底潮流的大小和方向,可以了解海底浮泥及流泥运动规律。这有助于分析大窑湾南、北岸吹填土的颗粒组成和矿物组成。

③通过分析大窑湾北岸地质资料,了解大窑湾北岸不同区域地质分层情况,尤其是顶部流泥层的分布和组成。这有助于对北岸吹填土颗粒组成和矿物组成的分析与研究。

第 3 章　大窑湾吹填现状

3.1　大窑湾北岸吹填现状

按照大窑湾北岸开发的总体部署，自 2005 年开始，根据大窑湾北岸实际情况，以港口公用基础设施建设为先导，以港池及航道的疏浚吹填土来满足大窑湾北岸港区陆域形成的需要，将围堰、港池、航道施工一并进行，通过围海造地形成港区陆域，利用自然围合的天然港湾形成大窑湾良好的水域及陆域条件。到 2007 年 7 月，疏浚工程已累计完成 1460 万 m^3，占总工程量的 79%，吹填形成西段港区陆域面积近 100 万 m^2。2011 年初，开始进行大窑湾航道北航段拓宽工程，通过清理航道淤泥可形成 50 万 m^2 开发建设用地。

3.2　大窑湾北岸吹填土的组成

土体的颗粒组成、矿物成分、物理力学指标对土体的固结特性及物理力学性质等工程特性有较大影响。选取大窑湾北岸吹填 2～4 号塘进行研究，通过现场取样，对吹填土的颗粒组成及矿物组成进行分析和研究。

3.2.1　吹填土的颗粒组成

土的粒度成分用于描述组成土的各种不同大小土颗粒的分布特性，它与地层在地质历史时期的沉积环境密切相关，受沉积物来源及沉积环境等多种因素的影响。沉积物的形成主要取决于物质来源和形成时的水动力条件，不同地质历史时期的物质来源与水动力条件的变化都会对沉积物的颗粒组成产生显著的影响。大窑湾北岸吹填土主要来源为长时期搬运的塞子河入海堆积物、大地村一带潟湖沉积物及湾内海相沉积物，由此决定其颗粒组成以细颗粒为主。

为了对大窑湾北岸吹填土进行土样的颗粒分析，2013 年 8 月 8 日对吹填 2 号～4 号塘进行了实地考察。2 号塘北侧覆水厚度 0.3～0.5m，局部大于 1.0m，水深较浅，木船和浮筏均难以行驶；南部无水区域表层存在干裂现象，厚度为 10～30cm，初步认为是"硬壳层"，但经过人工插探，穿透表层后自沉 1.0m 以上（图 3-1），说明该层土体性质极差，易造成对承载力的错误估计。4 号塘的情况与 2 号塘类似。3 号塘位于 4 号塘北侧，整塘地势较低，表层覆水，仅在靠近围堰区域无水。为保证作业安全，最终决定在各吹填塘靠近围堰的塘边架设平台进行取样分析，并根据进度安排于 2013 年 8 月中旬进场对 2 号～4 号塘进行现场取样。由于受取样现场环境及实际吹填水动力条件制约，吹填土的颗粒分析结果与真实情况会存在一定差别。

图3-2为2号塘现场土样，土样呈黄褐色、流塑状，手搓有砂感，失水后颜色变浅呈黄色。为了能够反映吹填土随深度的变化情况，在现场取样时分别从不同深度进行取样，利用筛分法和密度计法对吹填土进行粒度分析。其中，筛分法适用于粒径≥0.075mm的土，密度计法适用于粒径<0.075mm的土。根据颗粒分析试验结果，可以得到吹填土的颗粒组成及颗粒分布，如图3-3～图3-8所示。

图3-1　吹填土现状

图3-2　吹填土在薄壁取土器中的状态

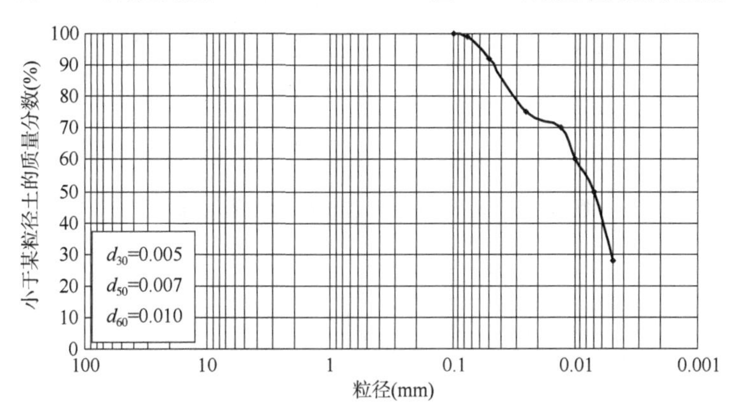

图3-3　2-2孔1.0m深度试样粒径级配曲线

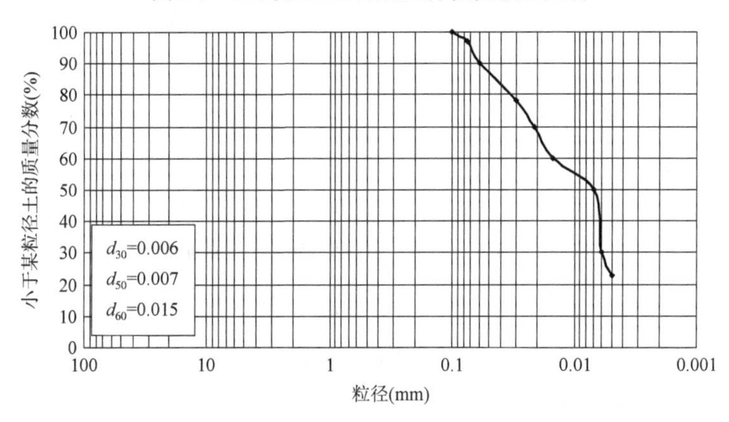

图3-4　2-2孔5.0m深度试样粒径级配曲线

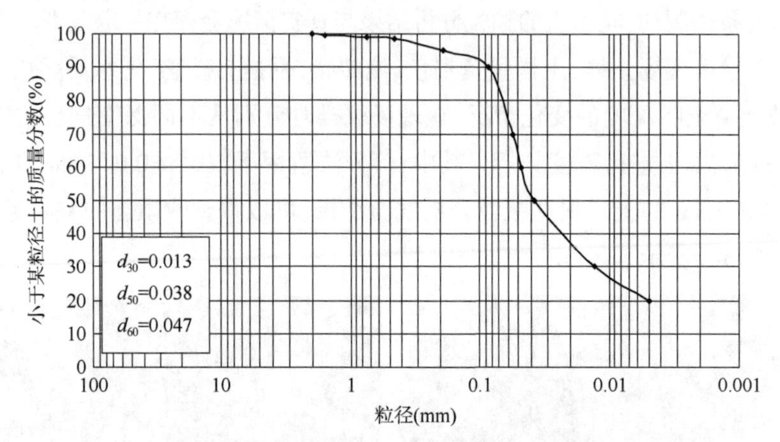

图 3-5　2-2 孔 8.5m 深度试样粒径级配曲线

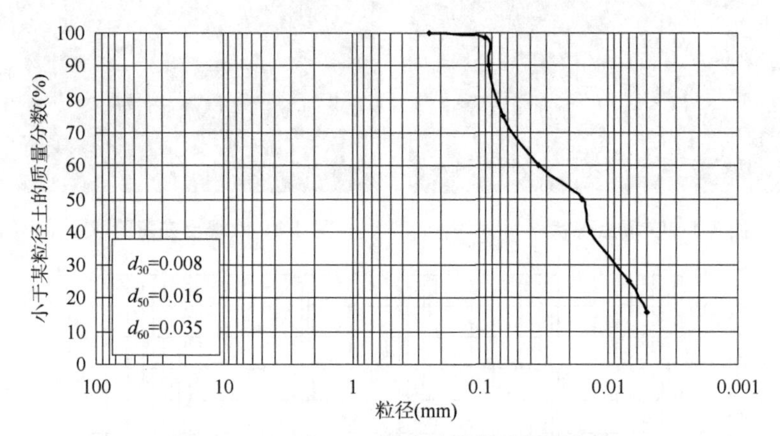

图 3-6　2-4 孔 1.0m 深度试样粒径级配曲线

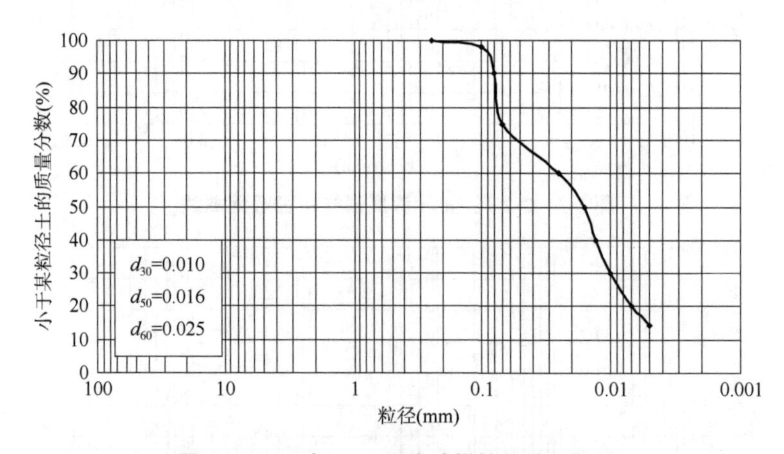

图 3-7　2-4 孔 5.0m 深度试样粒径级配曲线

由图 3-3～图 3-5 可知,2-2 孔吹填土主要的粒径范围为 0.075mm 以下,占整个粒组含量的 98.9%,小于 0.005mm 的黏粒含量平均为 24%,说明取样孔附近吹填土颗粒以粉粒为主,其次是黏粒。吹填土层自上而下,小于 0.005mm 颗粒含量依次变为 28%、23%、

20%,逐渐减小,而大于0.01mm的颗粒含量逐渐增加,说明吹填颗粒在重力作用下具有一定的分选作用。

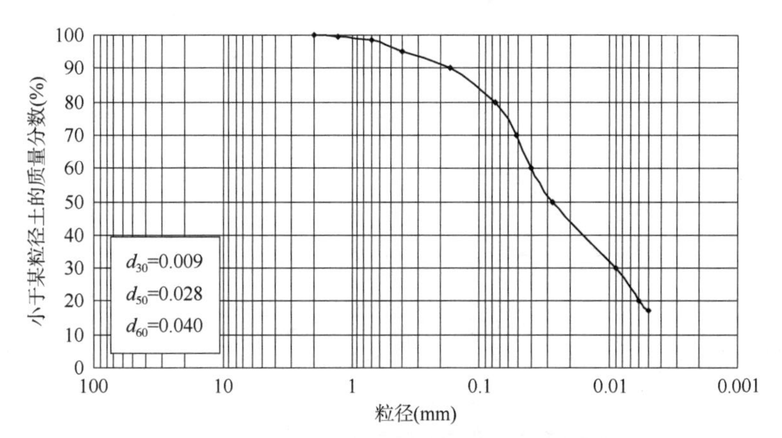

图3-8　2-4孔8.5m深度试样粒径级配曲线

从图3-6~图3-8可以看出,2-4孔吹填土以砂粒、粉粒和黏粒为主,其中砂粒含量约为18%,粉粒含量约为66%,黏粒含量约为16%。该孔黏粒含量较2-2孔少,而砂粒含量明显增加,说明吹填土在水平方向具有不均匀性,这主要由水力分选作用造成。

图3-3~图3-8显示,中间粒径缺失,说明自然沉积因素少,人为干预的程度大。由此可以判定,大窑湾北岸软、硬土混杂、交替分布,大大增加了北岸地基处理的难度,这点已在南岸地基处理过程中有了较为突出的表现。

根据丹东金地岩土工程勘查公司提供的勘查资料,吹填砂砾主要集中在南侧孔口附近,自南向北逐渐过渡到吹填淤泥区。从勘查资料看,自南向北分成10个条带,其中最南侧条带为吹填砂砾区,第二个条带为过渡区,其余条带均为吹填淤泥区,这从一定程度上反映了海底土层的构成比例。整个区域85%以上由颗粒细小的粉粒和黏粒构成,说明吹填的原始海底地层为淤泥或淤泥质粉质黏土层,通过人工吹填对其进行分选,同时这与吹填土层下部第一层为淤泥质粉质黏土相互印证。因此,通过对区域内淤泥质粉质黏土物理力学性质指标进行试验,便可了解海底原始未扰动土层的物理力学性质,进而了解吹填土扰动情况。此外,吹填淤泥区厚度约为8.0m(图3-9),厚度较为均匀,仅在过渡区局部有起伏,说明原始地层较平坦。在不考虑土性明显变化的前提下,该层吹填土厚度均匀,对不均匀沉降的控制是有利因素,但在吹填砂砾区与淤泥区的过渡段应考虑不均匀沉降的问题。

图3-10为2号塘淤泥层黏粒含量等值线图,从图中可以看出黏粒含量分布特点:自过渡区开始向北侧,黏粒含量递增;吹填淤泥区中部,从三个低点向周围,黏粒含量逐渐增加,在两个低点之间的鞍部是黏粒含量高值区。出现上述情况的原因可能为,吹填土从孔口吹出后,顺势向周围流淌,颗粒大的先沉淀下来,颗粒小的依靠水流惯性继续被带到更远处,因而黏粒含量最低的位置就是最接近孔口的位置。该图同时说明吹填土具有水平向分布不均匀的特点。

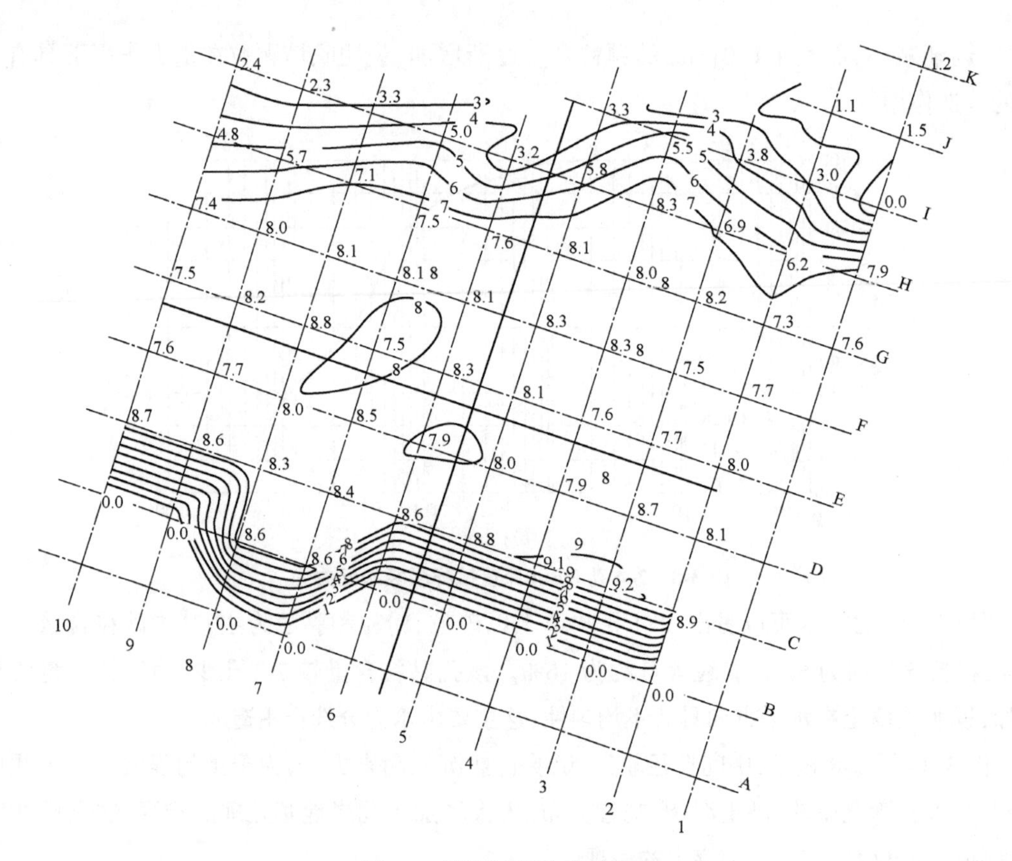

图 3-9 淤泥层厚度等值线图

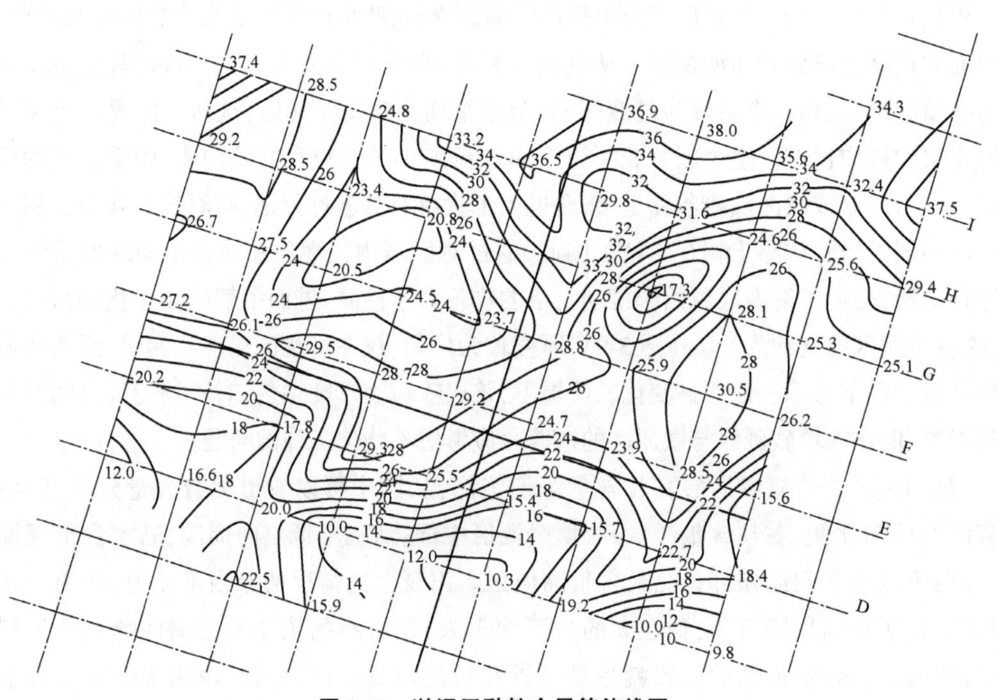

图 3-10 淤泥层黏粒含量等值线图

3.2.2　沉积物矿物组成

3.2.2.1　矿物成分检测、试验

矿物成分对土体的工程性质有重要影响。土的固相物质包括无机矿物和有机质,这两者是构成土的骨架最基本的物质。土中无机矿物成分可以分为原生矿物和次生矿物两大类。

通过对大窑湾北岸吹填土进行 X 射线衍射分析表明,大窑湾北岸吹填土原生矿物主要由石英、长石及角闪石组成,次生矿物主要由绿泥石、伊利石、高岭石及蒙脱石等黏土矿物组成,其结果详见表 3-1 及图 3-11 ~ 图 3-13。从测试结果可以看出,大窑湾北岸吹填土中,不同位置矿物成分基本一致,且矿物组成的相对含量变化不大。黏土矿物含量在 30% 左右,其中,伊利石的含量最高,约占矿物总量的 19%;高岭石和蒙脱石含量较小,约占矿物总量的 2% ~ 4%。由于伊利石亲水性很强,其在土中含量较大时,土的亲水性就相对较强,而透水性相对较差,压缩性相对较强,抗剪切性能相对较差。

大窑湾北岸吹填土矿物成分分析表(单位:%)　　表 3-1

土样编号	矿物种类								
	原生矿物种类					次生矿物种类			
	石英 Q	碱性长石 fs	斜长石 P1	角闪石 Am	石盐 Hal	绿泥石 C	伊利石 I	高岭石 K	伊蒙混层 I/S
BA1	45	11	13	1	2	3	19	3	3
BA2	43	10	14	2	2	4	19	4	2
BA3	46	9	12	1	3	4	19	3	3

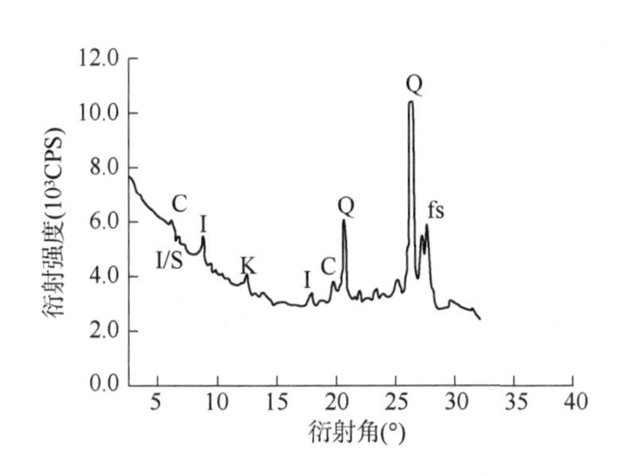

图 3-11　BA1 土样矿物成分 X 射线衍射分析成果

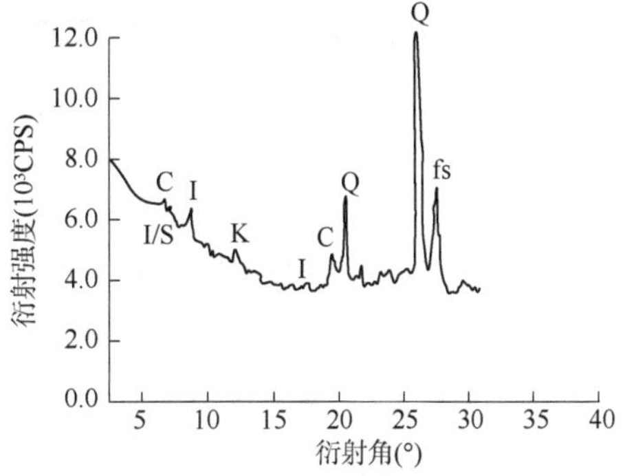

图 3-12　BA2 土样矿物成分 X 射线衍射分析成果

注:CPS 为衍射角度单位。

3.2.2.2 大窑湾淤泥土矿物成分分析

图 3-14 为三种矿物质对应的塑性指数关系图。伊利石在自然状态下,稳定性处于中间状态,遇水微膨胀,压缩性中等,比表面积为 67~100mm^2/g。大窑湾淤泥土矿物成分以伊利石为主导的组成,说明处理难度并非最难。

伊利石粒径通常在 2μm 以下,其理论结构表达式为 $K_{0.75}(Al_{1.75}R)[Si_{3.5}Al_{0.5}O_{10}](OH)_2$,属于 2∶1 型结构单元层的二八面体型。伊利石土的化学成分因含有其他杂质而变化较大,除 SiO_2、Al_2O_3含量高低差别较大外,K_2O 和 Na_2O 含量较稳定,一般含量 K_2O 在 6%~9%,Na_2O 含量在 0.5%~1.5%,属于比较稳定、弱膨胀、压缩性中等的黏土矿物质。

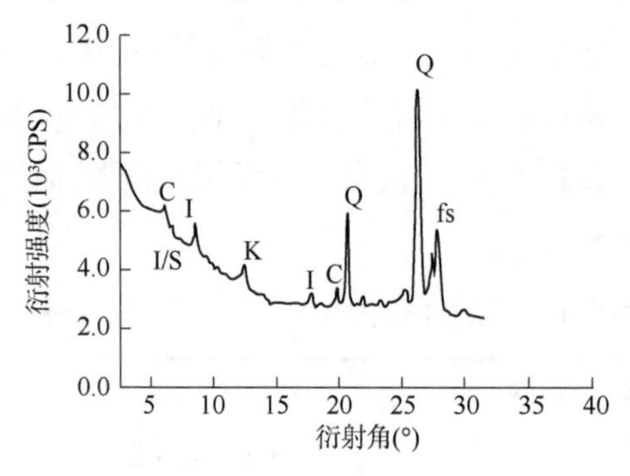

图 3-13 BA3 土样矿物成分 X 射线衍射分析成果

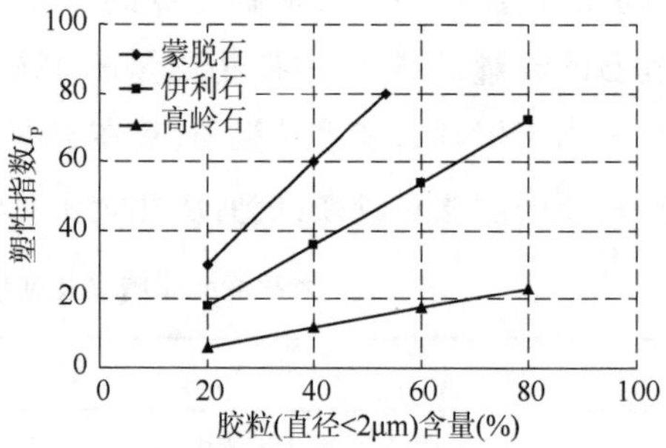

图 3-14 不同矿物质含量与塑性指数的关系

3.3 大窑湾北岸吹填土地层结构及工程特性

3.3.1 大窑湾北岸吹填区地层结构

为了对吹填区域进行加固处理,需对吹填区域进行勘察,以便摸清吹填区域地层结构。根据勘查资料及钻孔,场区地层自上而下分为 6 层:①-1 淤泥(吹填)、①-2 角砾(吹填)、①-3 粉质黏土(吹填)、②淤泥质粉质黏土、③粉质黏土、④黏土、⑤-1 强风化石灰岩、⑤-2 中风化石灰岩、⑥-1 全风化板岩、⑥-2 强风化板岩、⑥-3 中风化板岩。其主要压缩层为吹填土层和淤泥质粉质黏土层,具体描述如下:

1)①-1 淤泥(吹填)

呈黄褐色、灰褐色、饱和、流塑状。该层分布不均匀,厚度变化大,层厚 1.10~9.20m,平均 6.96m,层面高程为 1.54~4.00m。其中,南侧靠近吹填管口区吹填淤泥层较薄,中部和北部吹填淤泥层较厚。

2)①-2 角砾(吹填)

呈黄褐色、稍湿、松散～稍密,以石英岩为主。一般粒径为 2～20mm,最大粒径为 40mm(占 60%左右),棱角形,其余为黏性土。局部分布,层厚 0.60～13.10m,平均为 4.39m,层面高程为4.60～6.89m。该层集中在南部管口区。

3)①-3 粉质黏土(吹填)

呈黄褐色、灰褐色、饱和、软塑状、局部流塑。局部分布,层厚 3.50～12.10m,平均为 8.94m,层面高程为-1.20～5.89m。该层主要集中在南部管口区。

4)②淤泥质粉质黏土(原始)

呈灰色、灰绿色、饱和、软塑、局部流塑。层厚 0.60～5.30m,平均为 2.77m,层顶高程为-7.55～-3.46m。

3.3.2　大窑湾北岸吹填区工程特性

3.3.2.1　原位测试

原位测试是指在不扰动或基本不扰动土体的情况下对土层进行测试,以获得土层的物理力学性质指标、便于划分土层的一种土工测试手段。工程中常用的原位测试方法包括静力触探、动力触探、标准贯入试验、十字板剪切试验、荷载试验、波速试验及扁铲侧胀试验等。这些方法对不同的土质有不同的适用性,有各自的特点,比室内试验可以更直观地反映土体在原始状态下的基本特性。

由表 3-2 可以看出,原位测试和室内试验均为获得土体参数的重要手段,两者各有优缺点,在对地基土进行测试和评价时,应将两者结合起来,取长补短,全面反映大窑湾北岸吹填土的工程特性。由于大窑湾北岸吹填土含水率高,呈流塑状态,根据前期勘察资料及经验,选取十字板剪切试验及静力触探试验对大窑湾北岸吹填土进行对比测试。

原位测试与室内试验对比　　表 3-2

项目	原位测试	室内试验
试验对象	1.测试土体范围大,能反映微观及宏观结构对土性的影响。 2.对难以取样的土层有较好的适用性。 3.对试验土层基本无扰动或少扰动。 4.测试土体的边界条件不明显,更接近土体原始状态	1.试样尺寸小,不能反映宏观结构、非均质对土性的影响。 2.对难以取样或无法取样的土层无法进行试验,只能人工制备土样。 3.无法避免对土样的扰动。 4.试验土样边界条件明显,与土体原始状态不同
应力条件	1.基本上在原位应力条件下进行试验。 2.试验应力路径无法控制。 3.排水条件不能很好控制	1.可在任意控制应力条件下进行试验。 2.试验应力路径可事先给定。 3.排水条件可很好控制

续上表

项目	原 位 测 试	室 内 试 验
应变条件	1.应力场不均匀。 2.应变率不能很好控制	1.应力场比较均匀。 2.应变率可事先给定
岩土参数	反映实际状态下的基本特性	反映土样在室内的特性
试验周期	周期短,效率高,受环境影响较大	周期长,效率低,基本不受环境影响

根据进度安排,2013 年 8 月中旬在进行吹填土取样的同时进行原位测试,如图 3-15 所示。由于 2 号、3 号塘吹填土表面覆水较薄,难以在其上面行走,因此只能在塘边架设带浮鼓的平台进行测试,如图 3-16 所示。

图 3-15　原位测试

图 3-16　塘边测试平台

1)十字板试验

(1)试验原理、设备及技术要求

原理:通过对插入地基中的规定形状和尺寸的十字板头施加扭矩,使十字板头在土中等速扭转形成圆柱状破坏面,经计算评定土体不排水抗剪强度。

仪器设备:电测十字板剪切仪和 JTY-5B 型静探微机数据采集系统,十字板头高 100mm、宽 50mm、厚 2mm。

技术要点:测试深度约为 12.0m;十字板头压入土内 0.5m,使传感器与地温热平衡后进行试验;将十字板头压至预定深度静置 2~5min 后,再进行试验;顺时针方向转动扭力手柄,转速应控制在 1°/10s;测定重塑土时,用管钳沿顺时针方向迅速将探杆转动 6 圈,记下初读数;重复上述步骤。

(2)试验结果

假设土是均匀的,圆柱体四周及上下两个断面上的各处抗剪强度相等,如果十字板为矩形,土体破坏时的抵抗力矩为:

$$M = M_1 + M_2 \tag{3-1}$$

$$M_1 = C_u \pi DH \times \frac{D}{2} \tag{3-2}$$

$$M_2 = \frac{\alpha}{4} C_u \pi D^3 \tag{3-3}$$

其中,M 为最大扭矩;D 为十字板头直径;H 为十字板高;α 为与顶面及地面剪应力在破坏时的分布有关的系数,通常取 2/3;C_u 为不排水抗剪强度,计算公式为:

$$C_u = \frac{2M}{\pi D^2 \left(\frac{D}{3} + H\right)} \tag{3-4}$$

2 号~4 号塘十字板剪切试验曲线见图 3-17~图 3-22。为了能直观地认识本工程区域吹填土的特性,现以 2 号塘 2-2 孔和 2-4 孔为例进行说明。从 2-2 孔十字板剪切试验曲线可以看出:顶部 10.0m 范围吹填土十字板抗剪强度很小,平均值小于 5.0kPa。从吹填土二次扰动后十字板剪切试验曲线可知,二次扰动后吹填土十字板抗剪强度有明显降低,说明吹填土存在结构性;10.0m 深度以下土体十字板抗剪强度增长显著,最大值超过 20.0kPa,其重塑土强度也大于 5kPa,说明 10.0m 深度以下土体为原状土。从 2-4 孔十字板剪切试验曲线可以看出,其与 2-2 孔的主要区别在于顶部土体的十字板抗剪强度较高,达到 20kPa,说明存在1.5m 的"硬壳层"。2.0~10.0m 深度范围土体的十字板抗剪强度很低,平均在 5.0kPa 以下,与 2-2 孔相似,但稍好。由两孔对比可知,2-2 孔孔顶覆水,其强度与下部吹填土强度基本一致;而 2-4 孔孔顶未覆水,经过蒸发和日晒后,表层失水干裂,强度提高明显,但影响深度有限。

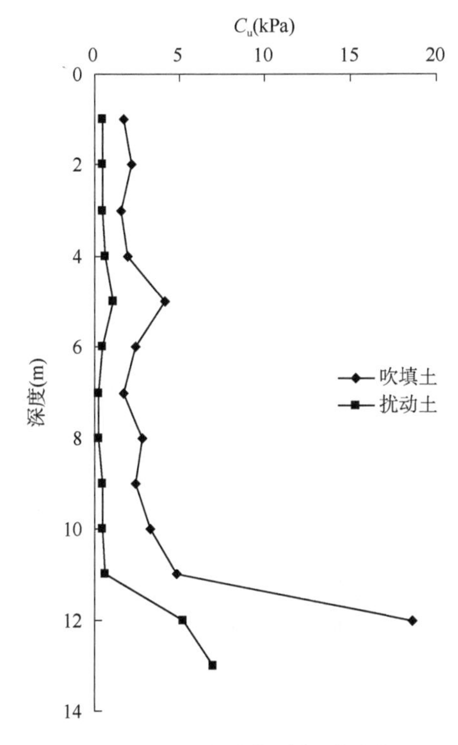

图 3-17 2-2 孔十字板剪切试验曲线

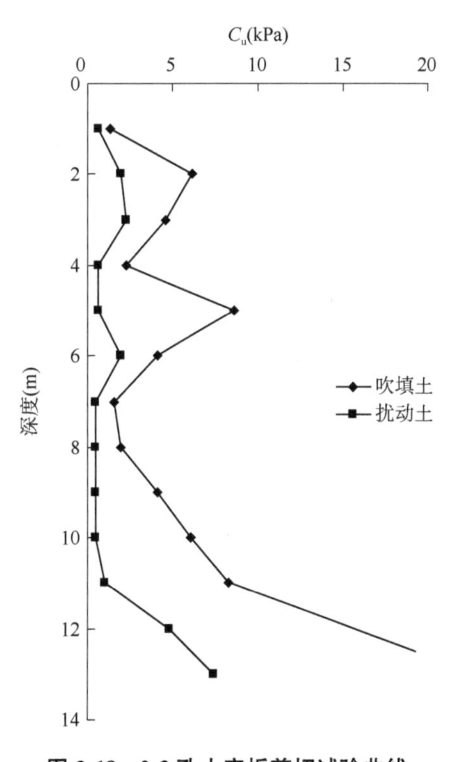

图 3-18 2-3 孔十字板剪切试验曲线

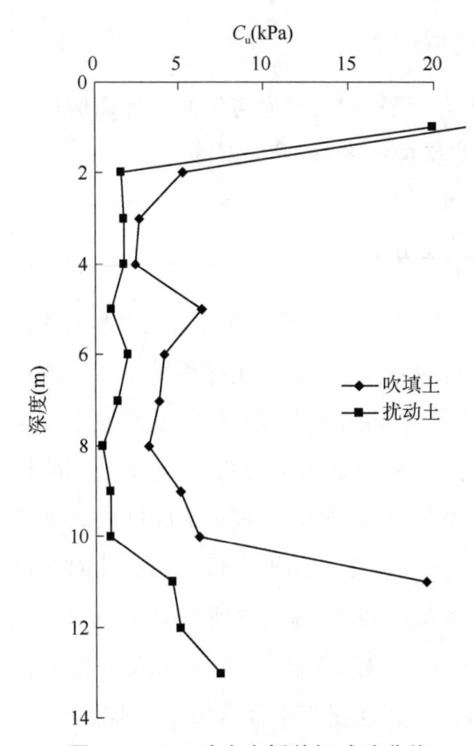

图 3-19　2-4 孔十字板剪切试验曲线

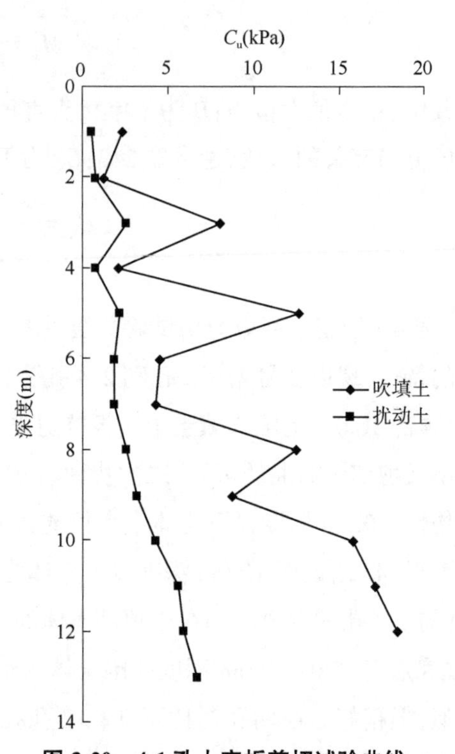

图 3-20　4-1 孔十字板剪切试验曲线

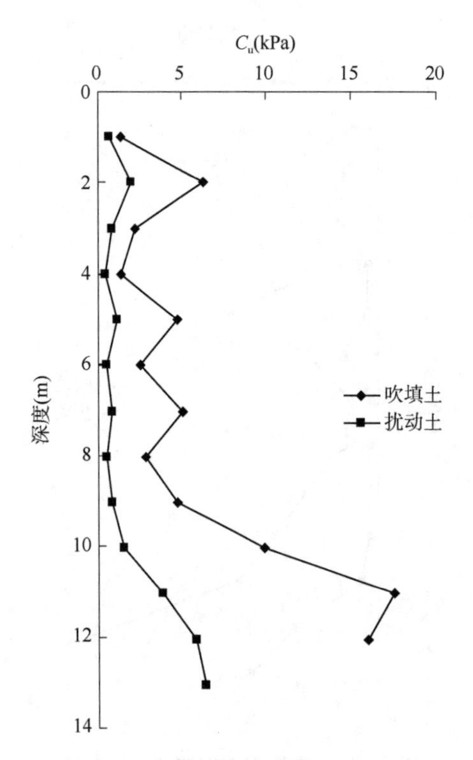

图 3-21　4-2 孔十字板剪切试验曲线

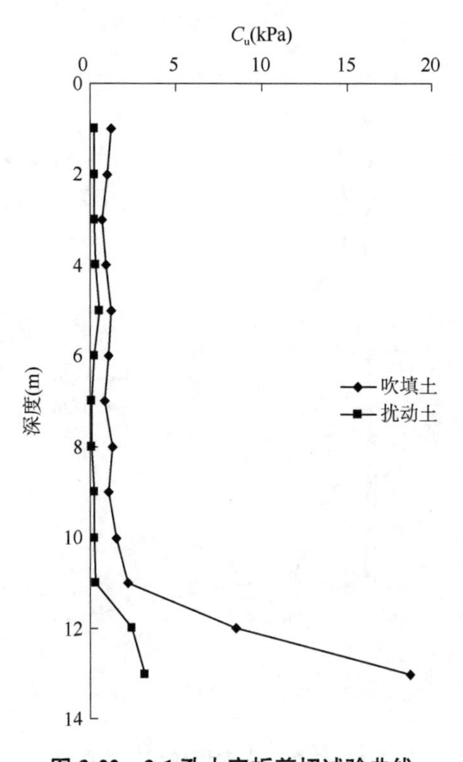

图 3-22　3-1 孔十字板剪切试验曲线

2-3孔、4-1孔、4-2孔吹填土十字板剪切试验曲线呈折线形，说明吹填土层在深度方向上呈软硬相间分布；而从二次扰动吹填土的强度看，结果较为接近，说明吹填土成分相似。这与在附近进行挤淤有关。3-1孔吹填土十字板剪切试验曲线形态与2-2孔相似，而十字板抗剪强度最低，这主要是由于3号塘吹填时间最晚，吹填土固结时间最短，且部分性质最差的吹填土从2号塘溢流到该塘。

由图3-17可知，吹填淤泥土十字板抗剪强度平均值为1.8kPa，对应承载力为2.75kPa，经过扰动后，其重塑土的十字板抗剪强度平均值为0.66kPa，对应承载力为1.03kPa。可见经过吹填扰动后，位于港池底部的淤泥质黏性土输送到陆地形成吹填淤泥土，其强度大幅度降低，土体结构遭到破坏，形成流塑状态的淤泥。研究大窑湾这类淤泥的特性是解决问题的关键一步。

由图3-18可以看出，吹填淤泥土经过自然沉积，其土体结构正在逐步形成，但是一旦遭受外部荷载的破坏，其结构迅速崩溃，强度陡然下降。这是疏浚淤泥土的一个重要特点。

由图3-19可以看到，在日照、大气风力和雨水淋漓作用下，位于表层的吹填淤泥土自然脱水，不稳定的颗粒凝聚物等自然消失，土体收缩，自然密实，形成比较稳固的结构体系。

由图3-20可以看到，10m深度以下，应该是原状淤泥土或者是吹填淤泥时的粗颗粒土，十字板抗剪强度达到了16kPa，可以归属到正常黏性土或者老黏土类别。其重塑土的强度也达到了5kPa以上，说明含水率在50%左右。这样的土体无须特殊处理。

由图3-22可以明显看出，该孔土体属新近吹填的或者是遭到推填挤淤的，或者受到外部严重扰动过的，原状土强度、重塑土强度非常小，土体几乎无结构可言。

2)静力触探

(1)试验原理、设备及技术要求

原理：静力触探是利用压力装置将探头以一定的速率压入土中，利用探头内的力传感器，通过电子量测系统记录并存储探头受到的贯入阻力。由于贯入阻力的大小跟土层性质有关，因此通过贯入阻力的变化情况可以了解土层性质。

仪器设备：采用轻型静力触探设备和JTY-5B型静探微机数据采集系统，选用单桥探头，探头圆锥底截面面积为15cm^2，侧壁面积为300cm^2，锥角为60°。

技术要点：测试深度约为12.0m；探头贯入速率为1～2m/min，使用手摇链式触探机，转速要均匀；贯入时，应保证深度控制器的摩擦轮紧贴探杆并正常转动，以保证贯入深度的准确性；连接探杆时，螺纹必须拧紧，严禁拉扯电缆。

(2)试验结果

通常情况下，可以根据单桥静力触探试验比贯入阻力p_s判别土的状态，预估地基承载力及压缩模量等参数。

2~4 号塘静力触探试验曲线见图 3-23~图 3-28。为了便于与十字板剪切试验结果进行对照，同样以 2 号塘 2-2 孔和 2-4 孔为例进行说明。从 2-2 孔静力触探试验可以看出：顶部 11.0m范围吹填土 p_s 值很小，平均值小于 0.5MPa。根据《铁路工程地质原位测试规程》（TB 10018—2003），当土体的 p_s<0.5MPa 时，土体呈流塑状态。11.0m 深度以下土体 p_s 值逐渐增大，最大值达到 1.5MPa，土体呈软塑~硬塑状态，说明该处土体与 11.0m 深度以上土体的性质存在明显差异，10.0~11.0m 深度为吹填土到原状土体过渡区。图 3-25 为 2-4 孔静力触探试验曲线，该曲线的顶部 2.0m 深度范围内存在 p_s>0.5MPa 的吹填土层，该土层 p_s 值大于下部吹填土层，说明吹填土存在“硬壳层”，这与十字板试验曲线的结果类似。2.0m 深度以下吹填土层 p_s 值明显高于同位置的 2-2 孔，这与 2-4 孔更靠近吹填管口区域有关。

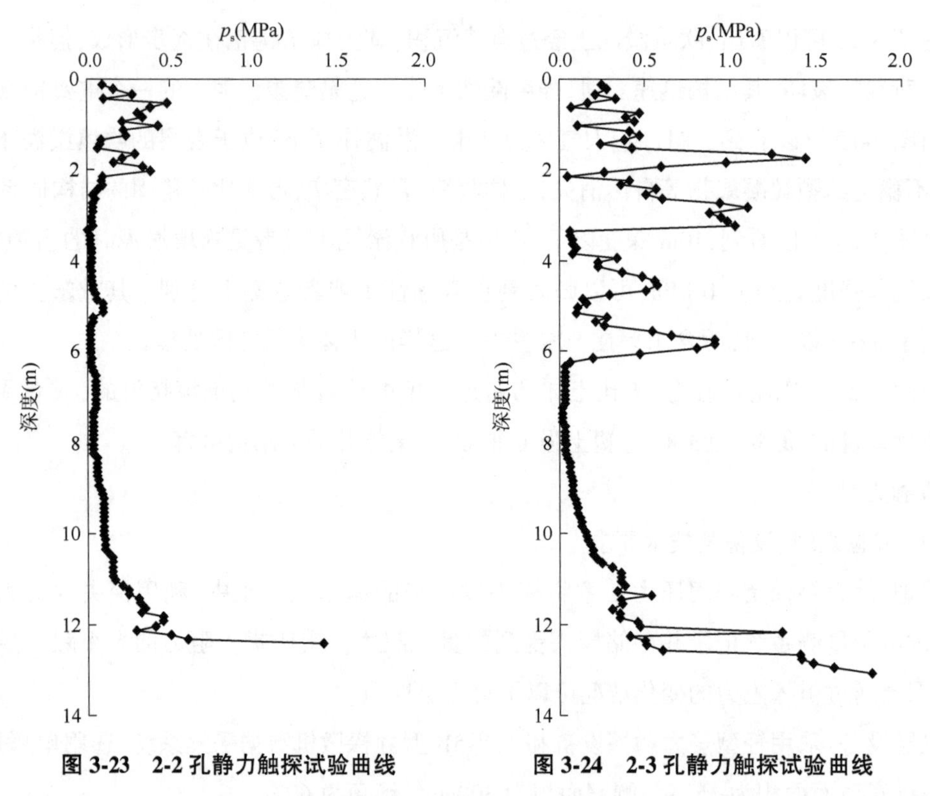

图 3-23 2-2 孔静力触探试验曲线　　图 3-24 2-3 孔静力触探试验曲线

2-3 孔、4-1 孔、4-2 孔的静力触探试验曲线整体上波动较大，与十字板试验曲线相似。3-1孔静力触探试验曲线与 2-2 孔相似，只是 p_s 值整体上更小，说明土性更差。

图 3-28 显示，软弱土层 p_s 远小于 0.3MPa，均值为 0.083MPa。按工程惯例，$p_s \leqslant 0.3$MPa 时归类为超软黏土，$p_s \leqslant 0.8$MPa 时归类为软黏土，由此可认定为无任何结构的超软黏土。

静力触探试验资料进一步显示出吹填淤泥土的混杂性与交替混合性，再加上底部土层的差异性，整个场地具有非常复杂的地基形式。

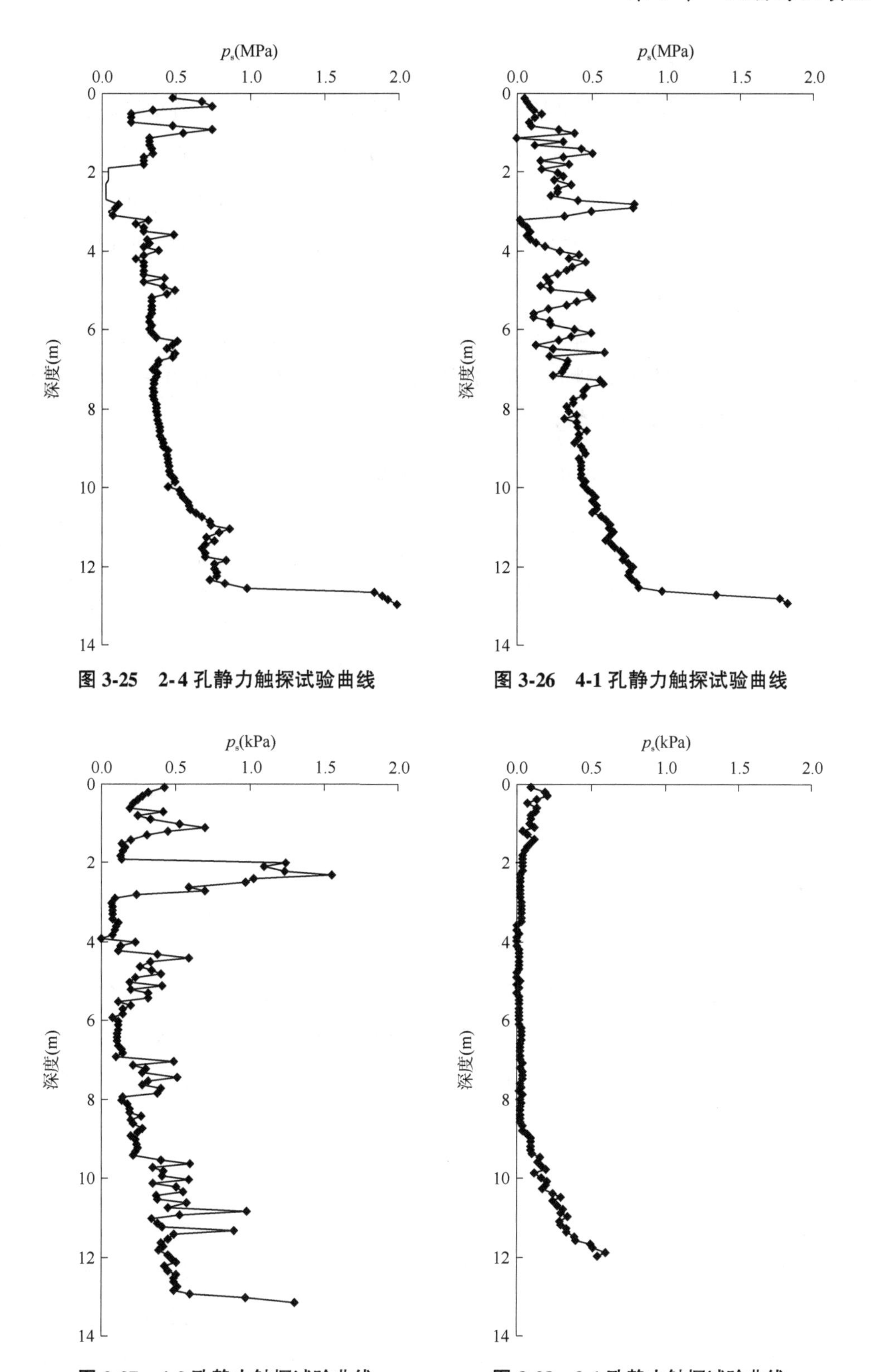

图 3-25　2-4 孔静力触探试验曲线

图 3-26　4-1 孔静力触探试验曲线

图 3-27　4-2 孔静力触探试验曲线

图 3-28　3-1 孔静力触探试验曲线

3.3.2.2 室内试验

通常情况下,室内试验一般包括土的物理性质指标测试、力学性质指标测试及化学分析。实际试验项目应根据工程性质、基础类型、设计要求和土质特性等因素综合确定。由于在分析大窑湾北岸吹填土颗粒组成时已经单独对颗粒分析试验及 X 射线衍射试验进行详细说明,其内容不再重复展开。本次室内试验主要针对土的含水率、孔隙比、密度、饱和度、渗透性、高压固结特性进行。

土的常规土工试验是土类定名和土层划分的重要依据,为工程勘察和设计提供重要计算参数。土工试验数据的准确性直接影响到地基处理工艺选择与工程的安全。大窑湾北岸吹填土常规土工试验成果见表 3-3。

大窑湾北岸吹填土常规土工试验成果　　表 3-3

土样编号	天然状态土的物理性质指标					液限(%)	塑限(%)	塑性指数	液性指数	固结		固结快剪	
	含水率(%)	湿密度(g/cm^3)	土粒比重	孔隙比	饱和度(%)					压缩系数(MPa^{-1})	压缩模量(MPa)	内聚力(kPa)	摩擦角(°)
2-2	90.8	1.48	2.70	2.481	99	42.5	24.2	18.3	3.64	1.71	1.61	5.0	6.9
2-3	71.3	1.54	2.70	1.992	96	41.2	24.2	17.0	2.77	1.21	1.80	11.5	8.5
2-4	78.8	1.52	2.69	2.164	98	39.8	23.1	16.7	3.34	1.26	1.78	10.0	7.6
4-1	63.5	1.51	2.70	1.913	89	40.2	22.9	17.3	2.34	1.68	1.26	7.0	12.1
4-2	58.2	1.60	2.70	1.671	94	42.2	23.6	18.6	1.86	1.25	1.70	8.5	12.8
3-1	98.6	1.49	2.70	2.585	100	43.1	23.4	19.7	3.81	1.90	1.49	4.5	6.3
3-2	108.8	1.48	2.70	2.795	100	41.4	24.6	16.8	4.40	1.51	1.89	3.5	6.0

根据土的常规土工试验成果可以看出,2-2 孔、3-1 孔及 3-2 孔的天然含水率较大,均超过 90%,而其他孔的含水率在 55%~80%。这与现场取样环境和取样位置有关。土粒的比重平均为 2.70,说明土的构成以粉粒为主,这与颗粒分析试验结果一致。根据土样孔隙比、含水率、液性指数及压缩系数综合判断,吹填土是以粉粒为主的高压缩性淤泥或流泥。

3.3.2.3 吹填土渗透和压缩特性

1)吹填土渗透特性

土的渗透性决定了土的排水能力。渗透系数越大说明土体的排水能力越强,而排水能力越强则说明土体能在更短的时间内排水固结。因此,测定土体的渗透系数对于了解土体的固结特性及选取合理的地基处理工艺十分必要。对北岸吹填土采用变水头渗透试验,其试验结果如表 3-4 所示。

2)吹填土固结特性

土固结速度的快慢主要通过固结系数的大小来反映,固结系数越大说明土的固结速度越快。根据固结试验推求固结系数的过程中,采用时间平方根法进行计算,其结果详见表3-4。

北岸吹填土渗透与固结特性试验成果　　表3-4

土样编号	垂直渗透系数 ($\times10^{-7}$cm/s)	水平渗透系数 ($\times10^{-7}$cm/s)	垂直固结系数 ($\times10^{-3}$cm^2/s)	水平固结系数 ($\times10^{-3}$cm^2/s)
2-2	0.84	1.84	0.137	0.299
2-3	2.64	5.86	0.536	1.191
2-4	3.56	5.90	0.745	1.236
4-1	7.66	8.93	1.145	1.335
4-2	4.12	6.22	0.774	1.168
3-1	1.49	1.38	0.223	0.207
3-2	0.98	1.69	0.189	0.323

由测试结果可知,渗透系数处于10^{-7}cm/s量级,淤泥土地基自身排水十分缓慢,该过程满足单向固结方程,即太沙基固结方程:

$$U=\frac{u_0-u}{u_0}\approx 1-\frac{8}{\pi^2}\mathrm{e}^{-\frac{\pi^2}{4}C_\mathrm{v}T_\mathrm{v}}$$

式中:U——固结度;

u_0——初始孔隙水压力;

u——某时刻孔隙水压力;

C_v——垂直固结系数。

将渗透系数等参数代入方程,要达到90%以上的固结度,所需的时间达数十年之久,这是工程建设无法容忍的。

由表3-4可知,吹填土固结系数整体上较小,量级在$10^{-3}\sim10^{-4}$cm^3/s,各土样间固结系数差别较大(最大值与最小值相差达到10倍),这与吹填土形成过程及自然环境有较大关系。整体上,水平向固结系数要大于垂直向固结系数(3-1孔除外),说明吹填土已存在一定的结构性。

从图3-29~图3-34可以看出,2号塘2-2孔、3号塘3-1孔及4号塘4-2孔初始孔隙比分别为2.481、2.585、1.671;当施加100kPa荷载时,上述3孔的孔隙比分别为1.824、1.754、1.335;当施加3200kPa荷载时,上述3孔的孔隙比分别为0.992、0.907、0.641。这说明,吹填土初始孔隙比越大,在施加同样上覆压力的情况下得到的孔隙比越大。

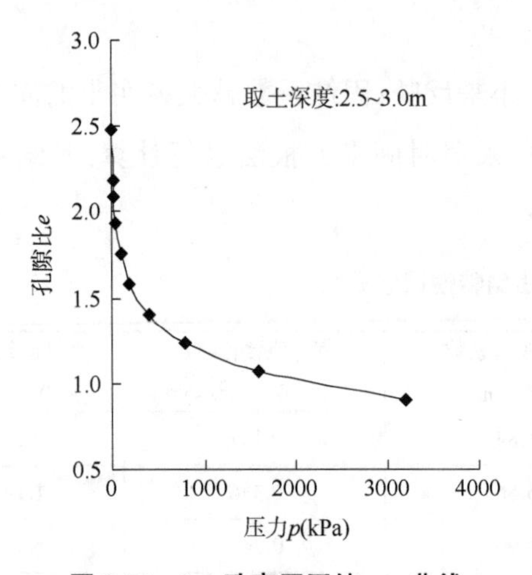

图 3-29 2-2 孔高压固结 *e-p* 曲线

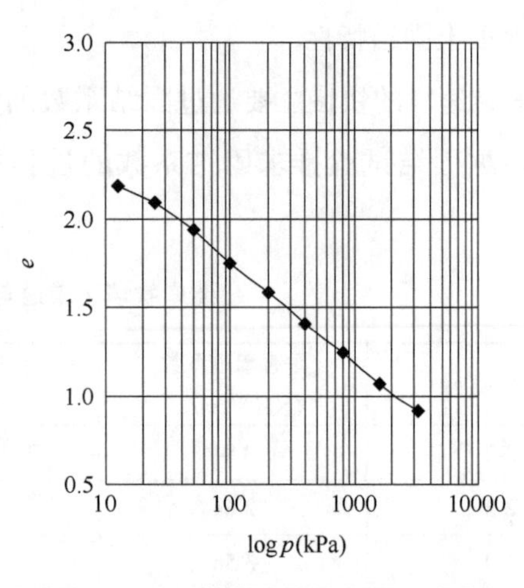

图 3-30 2-2 孔高压固结 *e*-log*p* 曲线

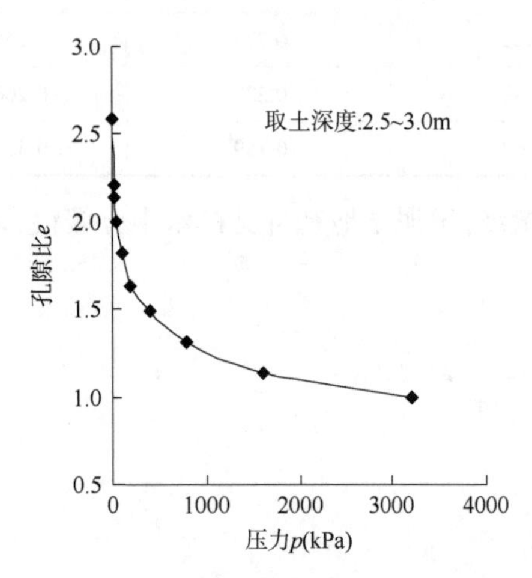

图 3-31 3-1 孔高压固结 *e-p* 曲线

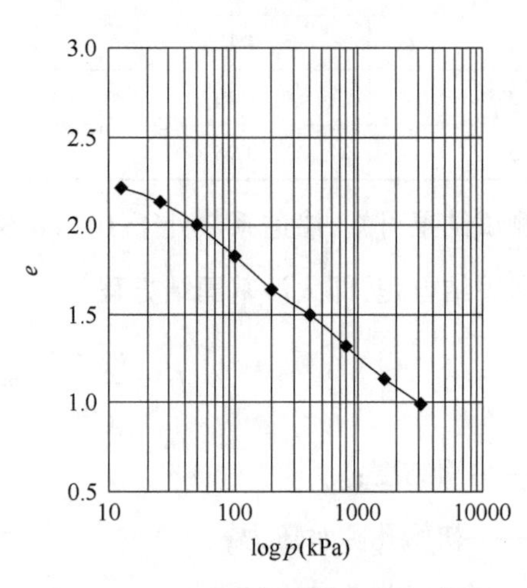

图 3-32 3-1 孔高压固结 *e*-log*p* 曲线

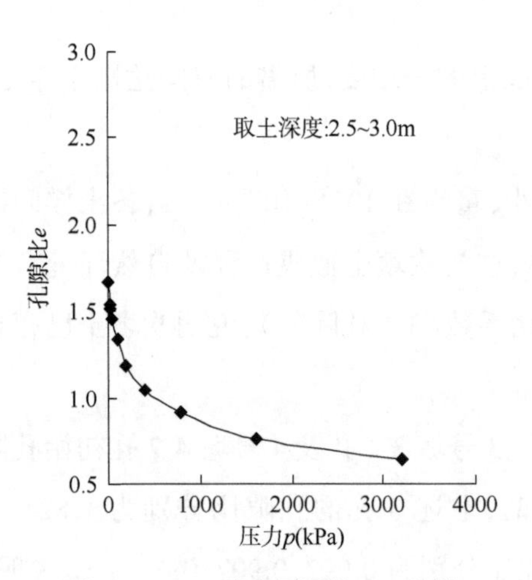

图 3-33 4-2 孔高压固结 *e-p* 曲线

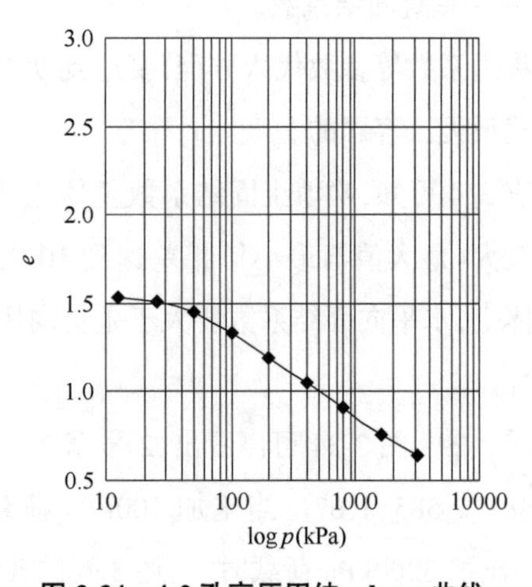

图 3-34 4-2 孔高压固结 *e*-log*p* 曲线

3.4 小　结

经过室内试验、现场试验和钻孔勘察,可以得到大窑湾北岸地基基本特征,对吹填土地基处理方法的选择具有一定的指导作用。主要得到了以下几点结论:

①通过对吹填土的颗粒分析和矿物组成分析,并对照相关的勘察资料后得到,待加固区吹填土以粉粒和黏粒为主,其中粉粒含量在60%~70%,黏粒含量约20%~30%。

②吹填淤泥土伊利石含量为19%,吸附水的能力比较强,表现为吹填淤泥初始含水率较高;从大窑湾淤泥组成物质结构来看,对于以伊利石为主要矿物质成分的淤泥土,其地基处理存在一定的难度。

③吹填区局部存在厚度1.0m左右的硬壳层,但不是普遍现象。从十字板剪切试验结果看,吹填土层的不排水强度在5.0kPa以内,而对应的静力触探试验结果在0.3MPa以内。静力触探试验结果显示,上部吹填土的波动较下部土体波动大,说明下部土体较上部土体均匀;十字板剪切试验也有类似发现,但没有静力触探试验明显。部分吹填超软淤泥土的强度小于2kPa,可视为泥浆、沼泽地,人力、小型设备都无法在其上行走,需要特殊处理。

④土的物理力学性质指标试验表明,各泥塘吹填土的曲率系数小于1,不均匀系数大于5,为级配不良土。土的高压固结试验表明,对不同的初始孔隙比的土,在施加同样上部压力的情况下得到的孔隙比不同。初始孔隙比越大,在施加同样上部压力的情况下得到的孔隙比越大。大窑湾淤泥土的渗透系数处于10^{-7}cm/s量级,短时间的排水措施无法达到70%以上的固结度。

⑤颗粒级配分析试验、静力触探试验和室内试验表明,大窑湾北岸软黏土分布在水平和深度方向存在着软土、超软土交替混杂的特征,这大大增加了大窑湾北岸地基处理的难度。

第4章 大窑湾南北两岸吹填土工程特性对比分析

通过大窑湾北岸吹填场地特征矿物质测试、现场原位试验、钻孔取土室内试验，得到北岸吹填淤泥土的主要特征：为超软淤泥土，土体无结构形态；场地内存在超软土、粉土、中粗砂、块石，并彼此混杂、交替；地基土经人为干预后，表现出极不均匀性和较大的沉积差异性；地基土软硬混杂、混融，导致处理手段的复杂性。

4.1 大窑湾南岸吹填土工程地质特点

大窑湾二期续建（南岸三期）吹填土为港池开挖时的沉积碎石、淤泥、砂。吹填土体饱和，松散，自重固结未完成。吹填土因水力分选作用，在吹填管口区以碎石、砂为主，其间夹有黏土和淤泥，在其他区域以淤泥和黏土为主。由此，将吹填区分为管口区和淤泥区两大区域。

管口区地层自上而下依次为中粗砂层，黏土、卵石、中粗砂混合层，含淤泥细砂层，淤泥层，粉土层、强风化土与中粗砂混合层。

淤泥区表层为1.3~5.5m厚的新近吹填流泥，含水率大于100%，十字板抗剪强度<1.5kPa，黏粒含量约为52%；下层为2.0~5.0m厚的淤泥或淤泥质土，工程特性表现为高黏粒含量、高含水率、高压缩性、低强度、低渗透系数，属典型的超软吹填土地基。

4.2 大窑湾南北岸吹填土工程地质参数对比分析

4.2.1 室内试验比对分析

4.2.1.1 淤泥区

参考《大连港大窑湾港区三期工程Ⅳ号塘港二号路北侧岩土工程勘察》《大连港大窑湾港区北岸2#塘工程岩土工程勘察报告》及《大连港大窑湾港区北岸4-2#塘岩土工程勘察报告》等多份地质报告，对大窑湾南岸三期与大窑湾北岸地质情况进行对比。

表4-1为南北岸吹填淤泥主要参数对比情况。从含水率和孔隙比来看,大窑湾南岸三期淤泥含水率和孔隙比明显大于大窑湾北岸2号塘。在采取排水固结法加固地基时,高含水率和高孔隙比要求较长的排水时间,压缩量也大,说明与大窑湾南岸三期相比,大窑湾北岸2号塘淤泥在地基处理施工过程中需要的施工时间长,发生的沉降量小。

淤泥层主要参数对比　　表4-1

区域		含水率(%)	湿密度(g/cm^3)	孔隙比	液限(%)	液性指数	压缩系数(MPa^{-1})	压缩模量(MPa)	固结系数(竖直)($\times10^{-4}$ cm^2/s)	固结系数(水平)($\times10^{-4}$ cm^2/s)	垂直渗透系数($\times10^{-7}$ cm/s)
南岸三期	平均值	69.6	1.60	1.90	53.64	1.67	1.40	2.12	5.51	4.93	1.20
南岸三期	浅层淤泥	144.4	—	—	—	5.23	—	—	—	—	—
大窑湾北岸2号塘	平均值	58.9	1.68	1.66	37.27	2.32	0.99	2.66	8.71	7.09	1.84
大窑湾北岸2号塘	浅层淤泥	135.8	—	3.44	—	—	—	1.11	0.77	0.74	—

从压缩系数和压缩模量来看,大窑湾北岸2号塘压缩模量大,压缩系数小,在相同的荷载条件下发生的沉降量更小。

从竖向固结系数和水平固结系数来看,固结系数是决定采用排水固结法进行地基处理时排水板间距的关键因素,大窑湾北岸2号塘的竖向固结系数比大窑湾南岸三期大58%,水平固结系数比大窑湾南岸三期大44%,即在相同的荷载和排水条件情况下,大窑湾北岸2号塘的淤泥的固结度增长和强度增长均要明显快于大窑湾南岸三期。

从垂直渗透系数来看,大窑湾北岸2号塘垂直渗透系数为1.84×10^{-7}cm/s,南岸三期渗透系数为1.2×10^{-7}cm/s。大窑湾北岸2号塘的垂直渗透系数稍大于大窑湾南岸三期,相同荷载和排水条件下固结度增长和强度增长均要快于大窑湾南岸三期。

从细颗粒土含量来看,大窑湾南岸三期黏粒含量约为52%,而大窑湾北岸2号塘淤泥层黏粒含量约为23%,黏粒含量明显小于大窑湾南岸三期。黏粒粒径小(小于在排水固结施工的排水板滤膜孔径),在高含水率时呈自由堆积状态。黏粒含量越大,在真空预压施工过程中黏粒越容易被孔隙水带走;同时,也越易堵住排水板滤膜,导致排水不畅,影响施工效果。细颗粒含量是预压法施工中影响地基处理效果的重要因素。大窑湾北岸2号塘排水固结法施工对排水板滤膜的要求低。初步分析认为处理效果优于大窑湾南岸三期。

总体上来看,根据现有大窑湾北岸2号、4-2号塘地质资料,仅2号塘地勘资料表层揭露为淤泥。从2号塘淤泥物理力学性质来看,孔隙比、含水率比大窑湾南岸三期略小,压缩模量大,固结系数、渗透系数较大,细颗粒含量少。从上述指标来看,2 号塘采用排水固结法进行地基处理的效果也应优于大窑湾南岸三期。

表 4-2 为南北岸淤泥质土层主要参数对比情况。从含水率和孔隙比来看,大窑湾南岸三期淤泥质土层含水率和孔隙比大于大窑湾北岸 2 号塘及大窑湾北岸 4-2 号塘。在采用排水固结法加固地基时,含水率和孔隙比越大则要求的排水时间越长,压缩量也越大,说明大窑湾北岸 2 号塘及 4-2 号塘淤泥质土层在地基处理施工过程中需要的施工时间及发生的沉降量都要小于大窑湾南岸三期。

淤泥质土层主要参数对比 表 4-2

区　域	含水率（%）	湿密度（g/cm^3）	孔隙比	液限（%）	液性指数	压缩系数（MPa^{-1}）	压缩模量（MPa）	固结系数（竖直）（$\times10^{-3}$ cm^2/s）	固结系数（水平）（$\times10^{-3}$ cm^2/s）	垂直参透系数（$\times10^{-6}$ cm/s）
大窑湾南岸三期	49.5	1.74	1.362	46.03	1.17	1.029	2.38	1.60	0.74	0.13
大窑湾北岸 2 号塘	36.5	1.85	1.028	34.2	1.16	0.685	3.44	1.22	1.13	4.94
大窑湾北岸 4-2 号塘	47.3	1.76	1.195	—	2.06	0.763	3.20	1.15	1.30	15.20

从压缩系数和压缩模量来看,大窑湾北岸 2 号塘压缩模量大,压缩系数小,在相同的荷载条件下发生的沉降量更小。

固结系数是决定采用排水固结法进行地基处理时排水板间距的关键因素。从竖向固结系数和水平固结系数来看,大窑湾北岸 2 号塘和 4-2 号塘的竖向固结系数为大窑湾南岸三期的 65%,水平固结系数为大窑湾南岸三期的 154%,即在相同的荷载和排水条件情况下,大窑湾北岸 2 号塘的淤泥质土层的固结度增长和强度增长与大窑湾南岸三期淤泥区差别不大。

从垂直渗透系数来看,大窑湾北岸的 2 号塘和 4 号塘垂直渗透系数为 $10^{-5}\sim10^{-7}$cm/s,而大窑湾南岸三期渗透系数为 $10^{-7}\sim10^{-8}$cm/s。大窑湾北岸 2 号、4-2 号塘的垂直渗透系数要大于大窑湾南岸三期,即 4-2 号塘和 2 号塘在相同荷载和排水条件下的固结度增长和强度增长均要略快于大窑湾南岸三期。

从细颗粒土含量来看,大窑湾南岸三期黏粒含量约为 52%,而大窑湾北岸 2 号塘和 4-2 号塘黏粒含量分别为 15%、19%,黏粒含量明显少于大窑湾南岸三期。大窑湾北岸 2 号塘和 4-2 号塘在排水固结法施工中对排水板滤膜的要求低,处理效果也应该优于大窑湾南岸三期。

根据现有大窑湾北岸 2 号,4-2 号塘地质资料,2 号、4-2 号塘地勘资料揭露均有淤泥质粉质黏土。2 号、4-2 号塘淤泥质土层物理力学性质相差不大，与大窑湾南岸三期相比，含水率、孔隙比略小，压缩模量稍大，固结系数差别不大，渗透系数较大，黏粒含量较少。其中，黏粒含量的多少主要取决于吹填区原始地层中的黏粒含量。从该层指标来看，2 号、4-2 号塘采用排水固结法进行地基处理的效果应优于大窑湾南岸三期。

4.2.1.2　管口区

管口区地质情况较好，粗颗粒含量大，渗透性好。大窑湾北岸吹填管口区与大窑湾南岸三期地质情况相似。

大窑湾南岸管口区吹填形成的地层主要为中粗砂层、黏土、卵石及中粗砂混合层。

大窑湾北岸管口区吹填形成的地层主要为砾砂层、粉砂层、粉土层及粉质黏土层。

4.2.2　淤泥十字板抗剪强度对比分析

大窑湾南、北岸超软土是地基处理的核心所在，需要多角度、多方位地进行比较。上文的指标参数显示，南北岸淤泥的高含水率、高孔隙比、低渗透系数，必然导致淤泥的低强度、高压缩性。

淤泥脱水，含水率降到一定程度，淤泥的性质得到明显改善，成为黏性土甚至老黏土，其结构框架形成，强度、变形特性与原吹填淤泥显著不同。

图 4-1 为南北岸典型淤泥现场十字板剪切试验曲线。从图中可知，十字板抗剪强度<1.5kPa，人无法直接站立。总体来看，虽然南岸黏粒含量比北岸多一倍以上，但是无论南岸还是北岸，一旦含水率超过 120%，土体结构基本丧失，进入流泥状态，十字板的阻力来自颗粒流动阻力，其现场十字板抗剪强度十分接近。

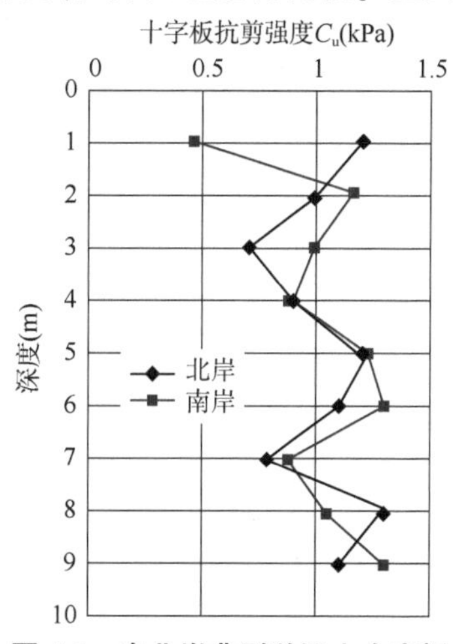

图 4-1　南北岸典型淤泥土十字板剪切试验曲线

4.3　小　　结

通过对大窑湾南北岸吹填场地吹填淤泥土试验参数的描述、比较和分析，可以得到以下几点结论：

①对比南北岸吹填土物理力学性质指标，北岸吹填土黏粒含量明显小于南岸，含水率和孔隙比略小于南岸，固结系数和渗透系数稍大于南岸，压缩模量相当，说明整体上南北岸吹填土的组成成分相似，北岸吹填土土性好于南岸。

②由土的物理力学性质指标试验,各泥塘吹填土的曲率系数小于1,不均匀系数大于5,为级配不良土。

③由淤泥室内试验结果,含水率超过120%,孔隙比大于3.5,渗透系数处于10^{-7}cm/s量级。

④无论南岸还是北岸,流泥基本参数为:含水率大于120%,孔隙比超过3.5,十字板抗剪强度小于2kPa。

⑤大窑湾吹填淤泥的关键指标为含水率。如果将含水率降到70%以内,淤泥土的处理就会变得相对容易。

⑥大窑湾吹填淤泥处理中,如何快速、大幅度脱水是关键。根据目前技术发展水平,快速脱水技术有离心式、挤压式、真空负压式等,较为经济适用的是真空抽吸技术。

第5章　大窑湾南岸吹填土地基处理技术分析

5.1　大窑湾南岸基本情况

大连港大窑湾南岸为大窑湾港区一、二、三期开发的港区。南岸开发分三个阶段进行，共建设大型集装箱泊位22个，到2011年基本已完成。根据大窑湾地形地貌、地层、构造、第四纪堆积物的分布规律和岩土的物理力学性质，将大窑湾分为三大类场地：基岩山区场地、山前斜坡场地及海滨河口场地。其中，基岩山区场地多分布在大窑湾南北两侧丘陵的边缘、坡脚及海岸地带；山前斜坡场地分布在乱柴沟一带山坡脚下；海滨河口场地主要分布在大窑湾沿岸近代凹形海积漫滩、一级海积阶地的前缘。滨海软土地基属于滨海河口场地，主要分布在大窑湾湾顶及大地村等低洼的潟湖、沼泽、湿地地带。

土层分布比较单一的区域集中在基岩山区场地和海滨河口场地，山前斜坡场地出现硬、软混杂状况，尤其是人为干预、开山回填和挖池吹填，必然诱发土层的混杂、交替和混融，超软土和坚硬土彼此犬牙交错，使得地质条件变得更加复杂。

南岸建设开发时，针对上述复杂的地基地质条件，引入高压旋喷、振动水冲碎石桩、真空联合堆载预压、CFG桩等软土地基常用的处理方法，进行小区域现场试验。从试验工程完成到2013年初，短的时间也有2年以上。受大连港委托，本次科研项目内容之一就是对上述各种处理方法的效果进行评价。依据每项试验工程的施工数据和工程完工后的检测数据，在深入研究南北岸吹填淤泥特性的基础上，对每项试验工程进行分析、评估和最后评价。

5.2　大窑湾南岸吹填土地质条件分析

5.2.1　地质复杂性的成因

南岸吹填土地质复杂性的成因在于：南岸港区形成中首先围海分隔成小块纳泥塘，南岸附近土料有开山石料和海底吹填料，前者分为黏土、碎石土、块石等，后者分为流泥、淤泥质土、黏性土、粉土、粉砂、中砂和砾石土，如此众多成分的土体，经吹填、堆填集中在一起形成陆域；其次，围海和分隔堤采用的材料以块石为主，属坚硬土料，吹填施工土料的好坏取决于疏浚海底位置原状土的好坏,无法控制,堆填土料主要为开山石,属较好的土料。

这样形成的陆域,地质条件就变得混乱、土性交错、软硬混融,难以进行单一评估和处理。

5.2.2 南岸地基处理的关键因素

根据北岸吹填淤泥的综合分析,得到如下结论:大窑湾黏土以伊利石为主要矿物质成分,保水性比较强,自然条件下,含水率保持在较高的水平,如吹填淤泥初期含水率超过120%;超软淤泥黏粒含量为40%甚至更高,意味着渗透系数处于10^{-7}cm/s水平;由于含水率高,且排水非常缓慢,决定吹填淤泥长时间处于无结构形态,强度小;由于人为干扰,吹填淤泥混杂在地基中,可能以小包形式、小区域形式嵌入以碎石土为主的地基中,其危害大,处理起来非常困难。

5.3 大窑湾南岸各种软基处理试验工程

5.3.1 工程基本情况

南岸三期工程岸线长1842m,包括17~22号共6个泊位。17号、18号泊位为起步工程,其堆场主要位于二期工程吹填土质较差的纳泥区,该纳泥区总面积为75万m^2。由于吹填料不均匀和水力分选的作用,形成土质较好的管口区和土质很差的管尾区。面对土质复杂且工期紧张的要求,设计院进行了地基处理专题研究并经专家咨询会审查确定了处理方案,即管口区采用“振冲置换+强夯”的地基处理方案、管尾区(面积约30万m^2)采用真空联合堆载预压处理方案。管尾区抽真空5个月(其中联合堆载满载3个月)后卸载,10万m^2达到使用要求。而其余20万m^2区域表层5~6m厚度的超软黏土层经预压后,推算出的固结度为26%~55%。取样进行室内试验,物理力学性质指标低,经验算不能满足使用要求,需要进行补强处理。

根据专家会的建议,现场对表层5~6m厚软土进行了强夯置换和振冲置换补强处理试验。根据试验结果并经技术经济比较,认为振冲置换法更具优势,推荐为补强方案。对该区域安排了地质勘察工作,根据勘察成果提出了补强处理的范围和技术参数。

该区域作为重箱、空箱、业务楼及道路场地使用,设计采用真空联合堆载预压法进行处理,预压前场地打设塑料排水板,塑料板规格为B型,布置成间距0.8m的正方形,打设深度为12~14m,堆料荷载为78kPa。2005年9月初开始施工,首先在泥面铺设两层无纺布、一层土工格栅,上面再铺设40cm厚的碎石垫层、30cm厚的砂垫层,塑料排水板的打设工作在此基础上进行;然后进行抽真空预压,真空计时约10d后开始堆载,至6月中旬达满载预压。

地层分布如下：

——①回填碎石层：人工回填形成，厚度为 0.7m，粒径为 2～6cm，分布普遍。

——②-1 浮泥：吹填形成，厚度为 2～6m，含水率为 120%～140%，塑性指数为 22～30，主要分布在 D01～D08、D12、D13 区。D01～D07 区较厚，达 4～6m；D08、D12、D13 区较薄，约为 2～4m。

——②-2 淤泥，吹填形成，厚度为 2～3m，含水率为 70%左右，塑性指数大于 22，快剪指标为 2°～4°，主要分布在 D01～D09 区。

——③～⑥淤泥质黏土，黏土，粉质黏土，粉土，厚度为 3～4m，普遍分布。

——⑦山石土、碎石土、强风化岩，位于 12～14m 深度以下。

上述土层分布不单一、不均匀，需要多次、多手段反复处理。

真空联合堆载预压之后，还需要采用振冲置换补强处理，补强处理最终效果也未能达到预期，不均匀沉降依旧较大，反映在上部结构物后期沉降大和出现裂缝。

5.3.2　真空联合堆载预压处理法

5.3.2.1　过程

①泥面上铺设土工布，然后铺设碎石垫层和砂垫层，形成褥垫层，便于施工设备作业。

②排水板按正方形布设，间距 80cm。该施工期间，平均实测沉降约为 546mm。

③安装真空系统，铺设真空膜，正式开始真空预压。10d 后铺设保护层，然后进行堆载预压，堆载厚度为 3.9m。

④真空联合堆载预压历时 320d。

5.3.2.2　结果

现场取样进行室内土工试验，结果为：平均含水率为 80%，孔隙比为 2.3 左右，压缩系数为$2.6MPa^{-1}$，定义为淤泥，具有高压缩性。

现场十字板强度试验结果为：表层 4m 深度范围，十字板抗剪强度平均值为 10.3kPa，承载力特征值约为 28kPa，无法满足建筑物承载力要求。

5.3.2.3　结论

经过真空联合堆载预压软基处理之后，地基无论是强度还是变形，都无法满足重箱、空箱、业务楼及道路场地的荷载及沉降基本要求，需进行二次处理。

5.3.2.4　结果分析

前文已提到吹填淤泥的特性为流动、无强度、孔隙比达 3.5 以上。对该类泥浆，真空预压只能作为沥水手段,快速排出自由水体。

由此可见,对于这类含水率超高的吹填土,由于技术、材料限制,真空抽吸的有效作用范围仅限于很小区域,真空联合堆载预压的排水过程已无法用固结理论加以解释和估算,而且缺少强度增长推算基础。

虽然真空联合堆载总荷载达到了 150kPa,但经过长达 10 个月以上的处理,吹填淤泥依旧无法满足设计要求。这似乎有悖于土力学有效应力原理和固结理论。

宏观上考虑,超软淤泥需要逐级处理,上述处理过程缺乏理论依据,效果大打折扣;微观上考虑,超软淤泥流动性和无强度是关键,真空抽吸排水的工艺、材料选择必然与惯例有着较大差异,在没有弄清规律的条件下,同样达不到预期效果。

5.3.3 振冲置换法

上述真空联合堆载预压处理法无法满足设计要求,经专家组研讨后,采用振冲置换法进行补强处理。振冲置换法利用大功率振冲器在高压水冲的辅助下成孔,然后在孔内直接填石料,进行振密施工,在高压水和水平振动力的作用下,置换出部分软土,充填碎石,形成振冲置换碎石桩复合地基,简单地说就是软土与碎石土联合作用,承载力提升的幅度基本可以满足设计要求,但是软土部分的长期固结问题没有得到彻底解决,可以预见后期沉降较大,而且时间很长。

根据振冲置换法加固软土地基的施工经验,振冲置换法加固后桩间土的强度略有下降或变化不大。根据 S2 孔测试数据,振冲置换法加固前吹填泥 C_u 为 1.22kPa,加固后 C_u 为1.44kPa,说明振冲置换法加固对桩间土的影响不大。S1 孔加固前 $C_u=0.84$kPa,加固后 $C_u=0.44$kPa。

采用振冲置换法处理软土地基,桩体部分软土被置换,成为碎石土,承载能力大幅度提升。桩间土在振冲及高压水作用下,土体结构受到损伤,理论上讲强度会有所下降,但是随着后期固结排水,强度会不断增强。排水固结过程伴随着地基沉降的发生。如果沉降量在建筑物容许的范围,就不存在问题。如果沉降量超过建筑物容许的沉降范围或存在较大的差异沉降,将对上部建筑物产生不利的影响。

5.3.4 高压旋喷桩复合地基

高压旋喷桩复合地基是在钻具钻孔到指定深度后,启动水泥浆液高压泵,将水泥浆液注入旋转搅拌喷嘴处,旋转钻头提升的同时,水泥浆液在高压作用下喷注到周边孔隙中形成水泥+土的桩体,并与周边土体构成复合地基,解决承载力和变形问题。

高压旋喷同振冲置换法一样,无法解决桩间土的强度和变形问题。这就意味着,大幅度提升复合地基承载力,只有通过提高高压水泥土桩的承载能力。从复合地基工作原理出发,水泥土桩与周边桩间土必须满足变形协调原则,否则复合地基出现失稳情况。桩间土经过真空联合堆载预压处理后强度提升十分有限,所以整个复合地基的承载力必然存在一个限度。可见吹填淤泥的处理是软基处理的核心问题。

高压旋喷桩边缘实测到的十字板强度达到110kPa,远超过软土的强度。但从高压旋喷桩间土处理前后对比,可以看到高压旋喷也无法提升桩间土的强度和抵抗变形的能力。桩间土强度依旧很低,无法起到对桩间土的周边约束、支撑作用,很难形成高压旋喷复合地基协调作用。由于桩间土软弱,在外部荷载作用下,易发生移动或排水固结,引发较大的工后沉降。

5.3.5 CFG桩

CFG桩是一种砂石、粉煤灰、水泥混合而成的桩体,刚度较大,它必须与周边土体形成复合地基,完成承载和抗变形的作用。同理,桩间土的强度没有达到CFG桩的最低要求,无法形成CFG桩的复合地基,严重影响地基处理效果。

5.3.6 强夯法

强夯法以夯击能的形式,通过压缩波、剪切波和瑞利波处理松散地基土。由于超软黏性土的渗透性很弱,排水通道和排水条件十分有限,通常情况下应尽量避免采用强夯法处理高含水率的吹填淤泥。

5.4 小　　结

通过对大窑湾南岸各种软土地基处理方法资料的收集、汇总、分析和计算,并进行现场实地考察与调研,得到如下结论:

①吹填淤泥无结构性、流动性是地基处理面对的核心问题。

②真空联合堆载预压技术有一定的限制,无法直接解决吹填淤泥的问题。

③在吹填淤泥没有达到一定强度的条件下,不宜采用振冲置换法、高压旋喷桩复合地基、CFG桩。

④从宏观角度,吹填淤泥逐级提升是解决大窑湾超软土地基处理难题的方向;从微观角度,充分挖掘真空抽吸的潜力,结合最新技术、最新方法、最新材料,开发出适合大窑湾超软土的地基处理方法、工艺。

第6章 吹填土排水板滤膜淤堵试验研究

6.1 排水板滤膜淤堵原理

近20年来,塑料排水板作为一种经济实用的竖向排水体,在软基处理工程中得到广泛的应用。尤其是近几年随着大面积吹填造陆工程的展开,塑料排水板得到进一步推广。然而,由于吹填淤泥含水率高,黏粒含量多,经常出现排水板淤堵现象,对加固效果产生了不利的影响。因此,有必要对排水板淤堵进行研究,从而为设计和施工人员提供参考资料。

排水板的作用是对加固土体起到过滤和阻挡的双重作用。由于吹填土颗粒细小,且在水中处于悬浮状态,进行地基加固时,在真空吸力的作用下,往往在排水板滤膜周围形成"泥皮",并有部分细颗粒被带入塑料排水板通道中,严重影响了滤膜的渗透性和排水板的通水能力。

6.1.1 排水板滤膜主要水力学性能

排水板滤膜作为一种有效的排水体,它既不应被堵塞,也不应被淤堵。如果土颗粒移动并陷入纤维结构中,则滤膜被堵塞,这将造成滤膜的渗透性降低。如果在滤膜的表面形成反滤薄层,此时滤膜的渗透性也大大降低。通常情况下,滤膜的水力学性能主要指的是透水能力及防止细小颗粒流失的能力。对于软基处理来说,透水能力是主要方面,一般从孔径大小及渗透特性两方面来衡量。根据《塑料排水板质量检验标准》(JT/T 521—2004)对滤膜等效孔径的要求,以 O_{95} 计,应小于0.075mm;同时,$k_g \geqslant 5.0\times10^{-4}$cm/s,$k_g \geqslant 10k_s$,其中 k_g、k_s 分别为排水板滤膜及土的渗透系数。

通常情况下,比排水板滤膜孔径大的颗粒因筛分作用被阻挡,而比排水板滤膜小的颗粒则会因分子热运动、惯性作用、扩散作用、截留作用、凝聚作用、静电作用在滤膜表面和内部聚集。梁波、孙遇祺等研究人员指出:级配连续的土,致密的织物通过对土粒的截留作用,形成包括织物在内的厚度较薄的、颗粒由粗到细的自然反滤层;级配不连续的土,织物的致密结构将使某些悬浮颗粒在渗流过程中沉积并聚集在土工织物内部及表面,从而形成包括土工织物在内的厚度较薄的接触滤层。吹填土属于级配不良土体,更符合后一种情况。

根据上面对土-土工织物间相互作用的分析,可以将过滤形式分为5种,分别为桥型过滤、碎石型过滤、拱型过滤、淤堵过滤和阻挡过滤。对于颗粒较小的吹填土来说，以后三种为主。

①拱型过滤：拱型过滤主要取决于土颗粒之间或土颗粒与纤维之间的作用力，因此这种过滤行为一般发生在淤泥或具有相当黏土含量的砂性土中。土颗粒在向土-织物界面移动过程中能进行重组而成拱。当颗粒小到一定程度时，土颗粒之间的范德华力能使其结合在一起，然后再黏结到较大的颗粒或纤维上，或者无数小颗粒结合起来从而具有足够的粒径而不能随水通过织物的孔隙。在这种情况下，土工织物可以挡住比纤维间孔隙小得多的土颗粒。这也是吹填淤泥形成“土柱”的原因之一。

②淤堵过滤：细小的土颗粒随水流进入织物孔隙中，在其内部做不规则曲线运动，因受到纤维的阻碍而使能量不断损失直到沉积在某一点，出现淤堵现象。织物中淤堵点的数量及分布、被带入织物中的土颗粒及水流速度决定淤堵程度。

③阻挡过滤：土颗粒被土工织物所阻挡，并稳定地嵌在织物表面纤维间孔隙处。产生阻挡现象要求粒径在一定的范围内，即能嵌入织物孔隙而又不易被移动。

由此可见，淤堵过滤和阻挡过滤的主要区别在于：淤堵过滤主要发生在厚型土工织物中，而阻挡过滤主要发生在薄型土工织物中；一个是进入土工织物中，一个是嵌入土工织物表面。目前，排水板滤膜厚度大约为0.30mm，而吹填土颗粒粒径绝大多数在0.075mm以下，因此淤堵过滤占主导。

由土工织物对土颗粒过滤形式的分析可知，对于采用塑料排水板进行排水固结的吹填土，其过滤形式主要是拱型过滤和淤堵过滤。其中，拱型过滤形成排水板外围的土柱，淤堵过滤主要使排水速度较小、渗透性降低并阻挡颗粒进一步流失。

6.1.2　影响排水板滤膜渗透性能的因素

排水板滤膜的渗透性与过滤性能有很大的相关性，前文已说明。这里主要从土的特性、土粒径-土工织物孔径关系及外部条件等方面进行说明。

6.1.2.1　土的特性

包括土壤颗粒的不均匀系数、细粒含量及土的密实度等。

1)不均匀系数

级配优良的土，自由颗粒较少，排水板滤膜也就不易被淤堵。自由颗粒粒径越大，越不易穿过排水板滤膜的孔隙或嵌入其表面而引起滤膜的淤堵，从而使渗透性降低。

2)细粒含量

颗粒越小越容易随水流进入排水板滤膜的孔隙中形成淤堵。因此，细粒含量越大，其淤堵的可能性越大。

3)土的密实度

土层密实,土层中孔隙体积减少,自由颗粒难以自由移动,排水板滤膜也就不易被淤堵。

6.1.2.2 土粒径与排水板滤膜孔径的关系

根据土粒径合理选择排水板滤膜孔径。一般情况下,两者须满足 $O_g<c_1d_n$(其中,O_g、d_n分别为排水板滤膜的特征孔径及土的特征粒径;c_1为常数,是由土的类型决定的)。此外,土与滤膜的渗透系数须满足 $k_g\geqslant c_2k_s$,其中 c_2为常数,由土的类型及渗流过程中土-滤膜系统的水头损失决定。有学者指出,c_2不宜太大,否则容易造成土工织物淤堵,降低滤膜的渗透性。

6.1.2.3 外部条件

1)荷载

荷载对排水板滤膜渗透性能有正反两方面的影响。积极作用是荷载使土颗粒之间的结合更加紧密,从而使自由颗粒减少;不良作用是荷载使排水板孔隙度减小,造成细颗粒不易穿过土工织物而引起淤堵。总之,当荷载较小时,随荷载的增大,渗透性有所改善;而当荷载超过某一临界值时,荷载的作用则易引起滤膜淤堵。

2)水力坡降

水力坡降的增加,导致土层中自由颗粒的数量增加,自由颗粒增多则更容易引起土工织物的淤堵,对其过滤性能将会产生不良影响。

3)气体

气体容易堵塞滤膜的渗流通道,对滤膜的过滤性能是极为有害的。

6.1.3 排水板滤膜淤堵的机理

淤堵的原因一般可以分为三类:

①机械淤堵,指水流带动的细粒土在过滤体中沉积下来,严重地降低了过滤体的透水能力。

②化学淤堵,指在某些微生物的作用下,把水中含有的铁离子化合成为不溶于水的氧化铁,这些化合物沉淀下来就会把透水的通道堵塞。

③生物淤堵,指土工织物的表面和内部有某些微生物(细菌、真菌等)栖身繁殖,阻碍了水的通道。对于排水板滤膜来说,在加固过程中主要发生机械淤堵。

由机械淤堵的定义并结合前文对排水板滤膜水力学特性的描述,可以将排水板滤膜淤堵机理概括为:在加固过程中,被加固土体的细小颗粒在外部荷载作用下随着孔隙水排出,逐渐堆积在排水板滤膜表面或进入其中,进而被带入排水板滤膜内部孔隙中,或者部分细小颗粒透过排水板滤膜进入排水板通道并在其中堆积,经过一段时间,排水板表面或内部被截留的细小颗粒逐渐增多,造成整个排水板渗透性降低。

6.2　排水板滤膜淤堵试验方案

由于塑料排水板滤膜渗透系数对土的加固效果有较大影响,而排水板滤膜的淤堵会造成整个排水板渗透性降低,这将对土的固结速度产生较大的不利影响,因此,需要通过相关试验验证排水板滤膜淤堵对渗透性的影响,并为选择适宜的排水板滤膜提供参考。

根据进度安排,从 2013 年 9 月中旬开始进行试验土样制备、仪器和设备的购置与定制,并于 10 月上旬完成分级抽真空设备的设计与组装,通过小型真空吸水试验对分级抽真空设备的真空压力分级稳定性和持续性进行了验证。试验结果表明,该套设备可以实现室内真空预压试验的分级加载的稳定性和持续性,可以用于排水板滤膜淤堵试验。

6.2.1　试验条件

本次滤膜淤堵试验主要目的是研究真空预压过程中滤膜的渗透性。

6.2.1.1　土样

为了能够较为真实地反映大窑湾北岸吹填土的渗透特性,将现场获取的 2 号、3 号塘的吹填土用直径 60cm、高 100cm 的塑料桶分 36 桶严格密封装运,其中 24 桶为 3 号塘吹填淤泥土,分别用于滤膜淤堵试验和分级真空预压试验(见第 7 章)。由于吹填土分桶装运对吹填土造成了二次扰动,桶内土的性质比现场吹填土更差。为此,再次对桶内的吹填土进行了物理力学性质试验,试验结果见表 6-1。

吹填土物理力学性质指标　　表 6-1

土样编号	天然状态土的物理性质指标					液限(%)	塑限(%)	塑性指数	液性指数	固结		固结快剪	
	含水率(%)	湿密度(g/cm^3)	土粒比重	孔隙比	饱和度(%)					压缩系数(MPa^{-1})	压缩模量(MPa)	黏聚力(kPa)	摩擦角(°)
土样 1	105.8	1.47	2.69	2.766	100	39.0	22.6	16.4	5.07	1.63	1.76	3.5	6.0
土样 1′	103.4	1.48	2.68	2.695	100	35.6	19.5	16.1	5.21	1.61	1.74	2.9	6.4
土样 2	116.0	1.42	2.69	3.092	100	42.7	22.1	20.6	4.62	1.64	1.80	3.0	4.8
土样 2′	112.8	1.43	2.69	2.990	100	38.4	20.2	18.2	5.08	1.65	1.75	2.5	4.7
土样 3	113.2	1.43	2.69	3.007	100	48.6	28.7	19.9	4.24	1.60	1.78	4.2	5.5

续上表

土样编号	天然状态土的物理性质指标					液限(%)	塑限(%)	塑性指数	液性指数	固结		固结快剪	
	含水率(%)	湿密度(g/cm^3)	土粒比重	孔隙比	饱和度(%)					压缩系数(MPa^{-1})	压缩模量(MPa)	黏聚力(kPa)	摩擦角(°)
土样3′	109.4	1.45	2.69	2.837	100	39.5	20.5	19.0	4.67	1.62	1.77	3.1	5.6
土样4	87.8	1.49	2.70	2.403	99	45.2	26.8	18.4	3.31	1.57	1.55	7.2	6.3
土样4′	85.3	1.53	2.69	2.296	100	40.3	21.8	18.5	3.43	1.55	1.59	6.9	6.6
土样5	86.4	1.52	2.70	2.311	100	41.3	24.0	17.3	3.78	1.49	1.63	7.5	6.5
土样5′	81.9	1.55	2.69	2.158	100	40.4	20.7	19.7	3.11	1.43	1.72	7.2	6.9

6.2.1.2 滤膜

塑料排水板选用目前常用的SPB-B板。为了研究滤膜的淤堵特性，分别选用5种不同有效孔径滤膜的SPB-B板，其主要参数见表6-2。

排水板滤膜参数 表6-2

滤膜试样	纵向干态抗拉强度(N/cm)	横向湿态抗拉强度(N/cm)	单位面积质量(g/m^2)	渗透系数($\times10^{-4}$cm/s)	等效孔径(mm)
试样1	≥40	≥35	120	≥5	0.025
试样2	≥40	≥35	100	≥5	0.035
试样3	≥40	≥35	80	≥5	0.055
试样4	≥40	≥35	60	≥5	0.065
试样5	≥40	≥35	60	≥5	0.080

6.2.1.3 试验仪器

根据试验要求，滤膜淤堵试验主要仪器有小型潜水泵、排水系统、土样桶及测试设备，如图6-1、图6-2所示。

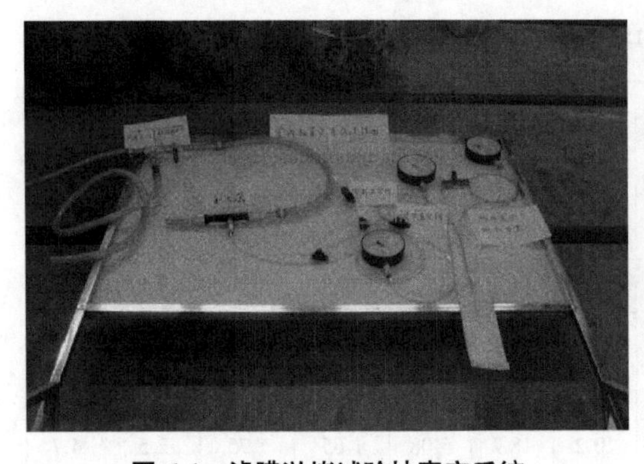

图6-1 滤膜淤堵试验抽真空系统

图6-2 滤膜淤堵试验测试设备安装

6.2.2　试验步骤

试验步骤为:

①对吹填淤泥进行现场取样,置入模型箱,搅拌均匀,高度为 0.8~0.9m,插排水板,安装排水板帽、接头、气管、板中和泥中真空表(0.2m、0.6m),与真空泵相连,真空度由 20kPa 逐渐向 90kPa 过渡;其间,测试淤泥表面沉降、板中和泥中真空度。

②停泵,取出排水板,剪取下部 20cm 滤膜,送试验室进行滤膜淤堵试验。

③余留排水板重复上述步骤进行下一个模型箱试验。

④根据测试结果,确定是否继续进行余留排水板模型箱试验。

6.3　滤膜淤堵试验成果及分析

6.3.1　室内抽真空试验

室内抽真空试验的目的主要有两个:一是通过抽真空使土体产生"土柱",研究不同等效孔径滤膜在真空压力下的淤堵情况;二是研究室内分级真空预压的可行性。

滤膜淤堵试验真空压力分级加载情况见图 6-3~图 6-5。从图中可以看出,该套设备可以实现小型真空预压试验分级加载。

试验进行 3d 后,吹填淤泥的加固情况见图 6-6,从图中可以明显地看到在排水板周围形成了一圈 5cm 加固效果较好的密实层,即"土柱"。说明虽然对真空压力进行了分级,但由于每级荷载维持的时间仅为 2h,真空压力达到-80kPa 的速度过快,加速了土柱形成,一方面造成排水板淤堵,另一方面导致排水板周围土体整体渗透性减小。

图 6-3　-25kPa 时抽真空试验

图 6-4　-50kPa 时抽真空试验

图 6-5　-90kPa 时抽真空试验

图 6-6　抽真空 3d 后形成“土柱”

图 6-7、图 6-8 分别是滤膜淤堵试验 1 的真空压力分级加载曲线和对应的沉降变化曲线。从图中可以直观地看出土样 1 总沉降量比土样 1′小，前期土样 1 的沉降速率比土样 1′大，而试验结束时土样 1 的沉降速率比土样 1′小，这说明土样 1 真空压力加载过快，排水板淤堵现象比土样 1′明显，对土体的排水固结产生较为不利的影响。

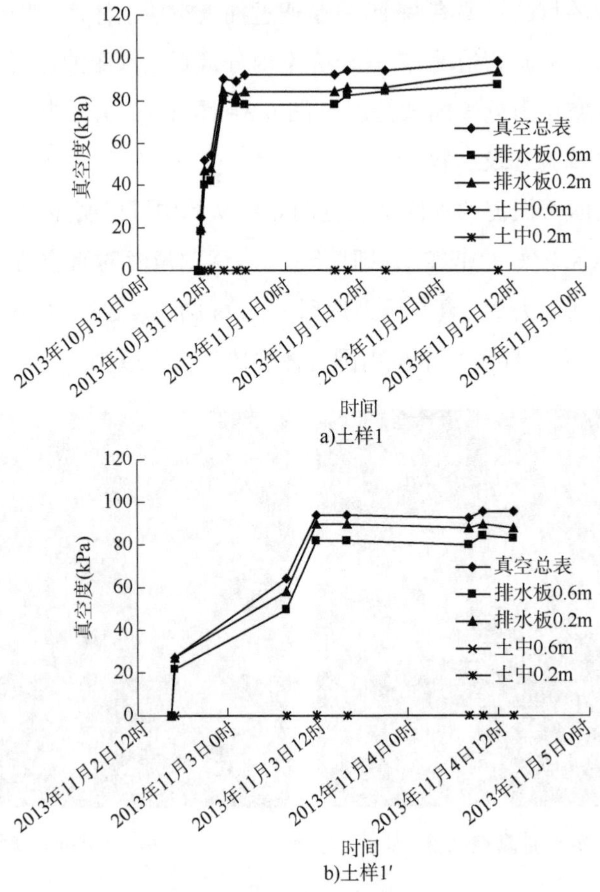

图 6-7　试验 1 真空度变化曲线

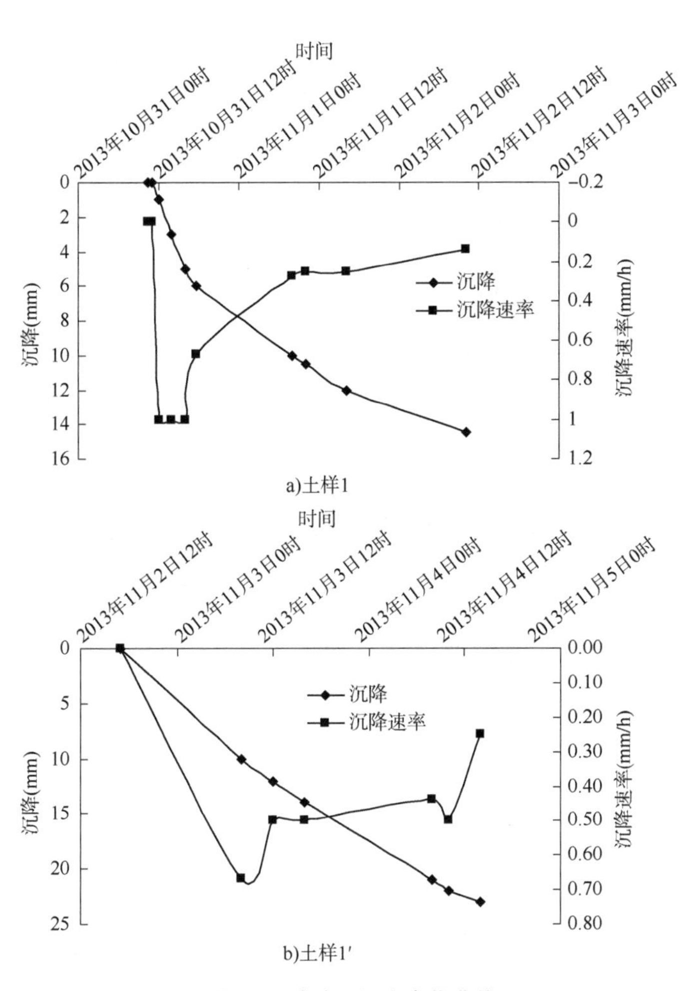

图 6-8　试验 1 沉降变化曲线

图 6-9、图 6-10 分别是滤膜淤堵试验 2 的真空压力分级加载曲线和对应的沉降变化曲线。从图中可以看出,土样 2 一级真空压力为-20~25kPa,土样 2′一级真空压力为-40~50kPa,两者加到-90kPa 的历时都为 2d,而土样 2 及土样 2′对应的总沉降量分别为37.5mm 和 13.4mm。这说明一级真空压力不宜过高,过高的一级真空压力同样会使排水板产生严重的淤堵现象。

滤膜淤堵试验 3~试验 5,将真空压力分三级加到-90kPa,每级荷载约-30kPa,真空压力变化曲线分别如图 6-11~图 6-13 所示。从 3 组试验的沉降变化曲线可以看出,其总沉降量均控制在 20~30mm,如图 6-14~图 6-16 所示。这说明,在真空压力分级荷载确定的条件下,沉降变化的规律具有较好的一致性。

此外,由滤膜淤堵试验 3~试验 5 可以看出,对于含水率大于 80%的北岸吹填土,在分级抽真空前期其累计沉降率的与含水率的关系不明确。

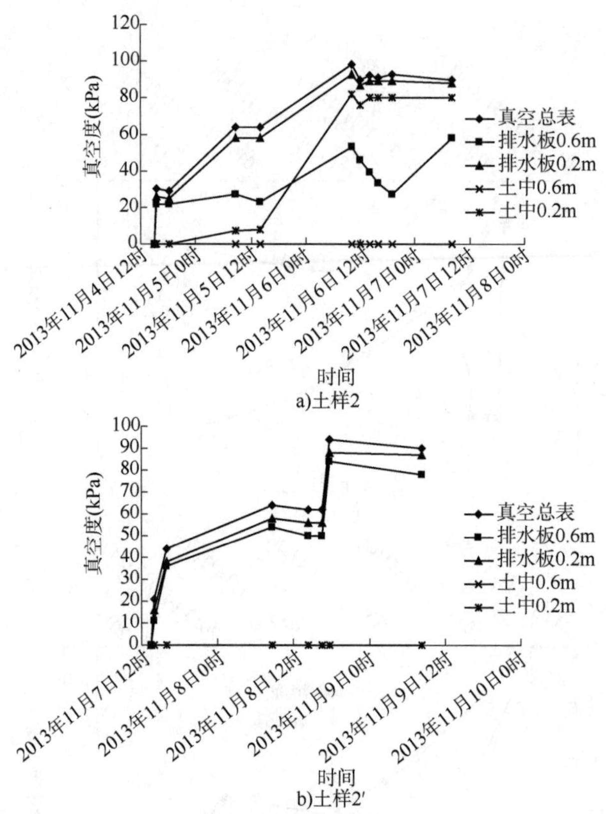

图 6-9　试验 2 真空度变化曲线

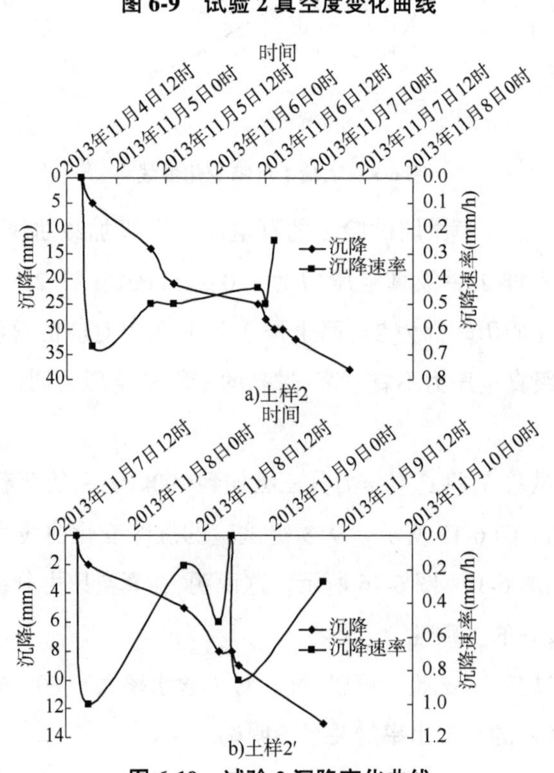

图 6-10　试验 2 沉降变化曲线

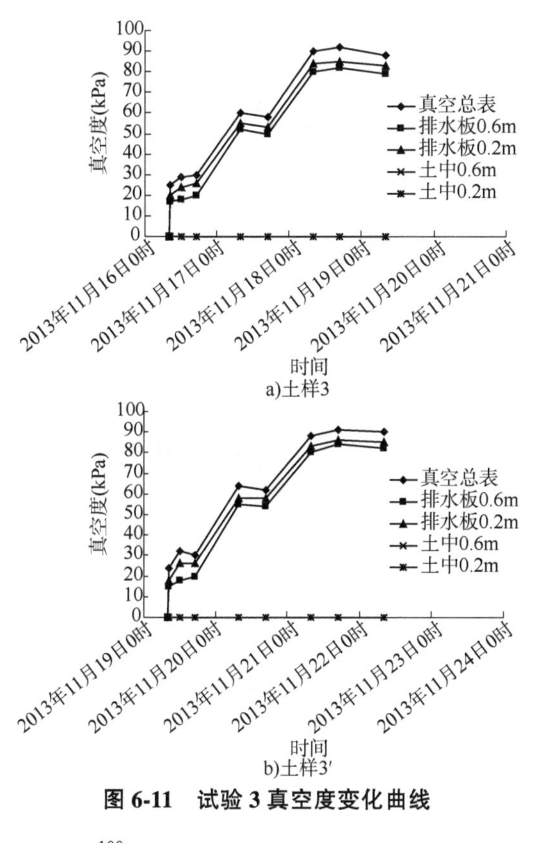

a)土样3

b)土样3′

图6-11　试验3真空度变化曲线

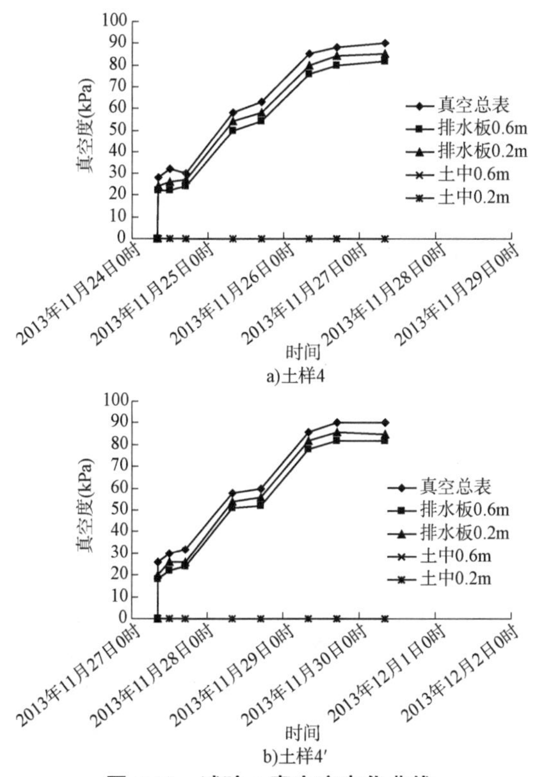

a)土样4

b)土样4′

图6-12　试验4真空度变化曲线

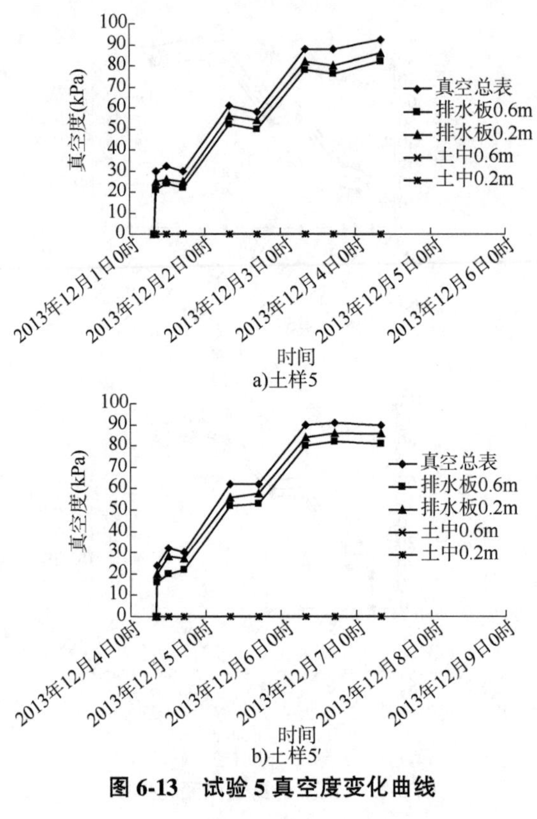

a)土样5

b)土样5′

图 6-13　试验 5 真空度变化曲线

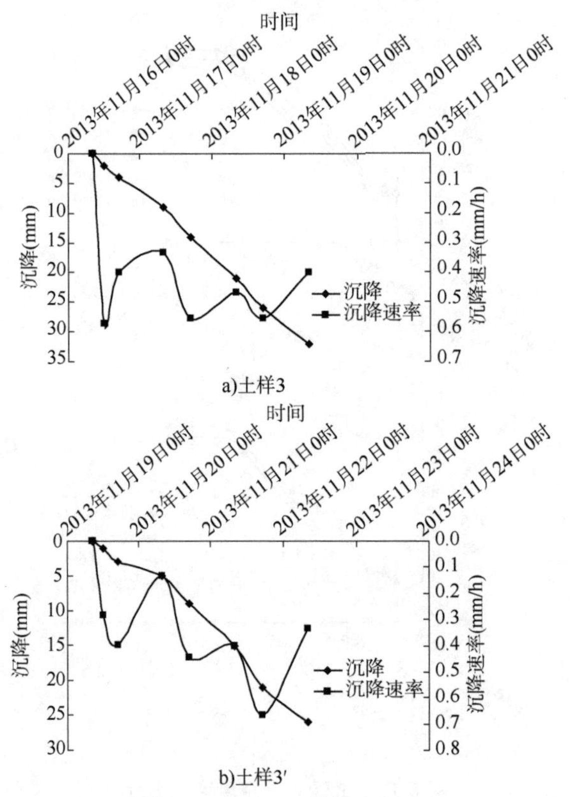

a)土样3

b)土样3′

图 6-14　试验 3 沉降变化曲线

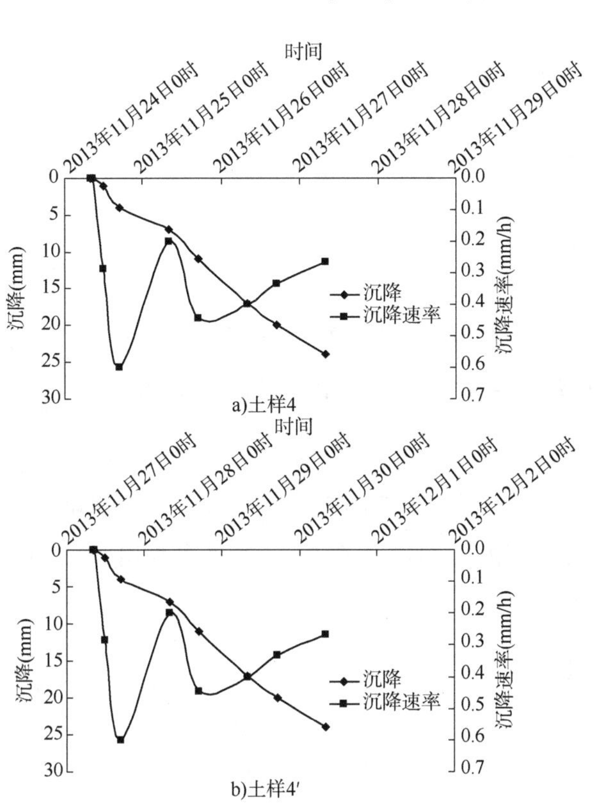

图 6-15　试验 4 沉降变化曲线

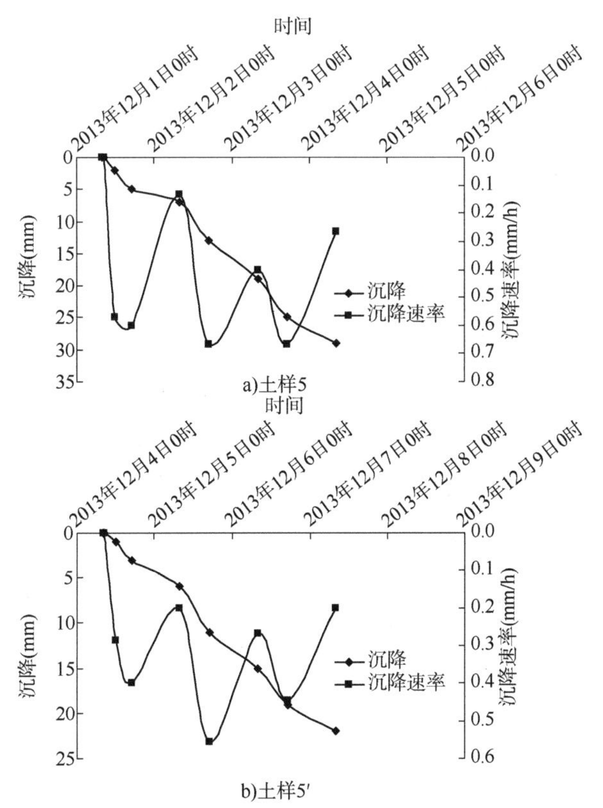

图 6-16　试验 5 沉降变化曲线

6.3.2 滤膜淤堵试验

6.3.2.1 试验原理

在恒定水头作用下,测定水流垂直通过单层土工布的流速指数及渗透性。

6.3.2.2 试样处理

滤膜不得折叠,并尽量减少取放次数,避免影响其结构。样品应置于平坦处,不得施加任何压力。在滤膜淤堵试验前后,样品要一致,以便比较滤膜淤堵试验前后渗透系数变化情况。

6.3.2.3 仪器设备

试验仪器为 FY020 型测定仪。仪器主体分上、下两个圆筒,将试样在水中浸泡 24h 后取出并夹持在圆筒中间,通水面积内径 50mm。在 50mm 水头差作用下,开机 30s 后开始收集水量。

6.3.2.4 试验结果

根据下式计算滤膜渗透系数 k_{20}:

$$k_{20} = \frac{v}{i} = \frac{R_T V\delta}{\Delta h A t} \tag{6-1}$$

式中:v——垂直于滤膜的流速;

i——滤膜两侧水力梯度;

R_T——20℃水温修正系数;

V——水的体积;

δ——滤膜厚度;

Δh——滤膜两侧水头差;

A——滤膜过水面积;

t——达到体积 V 的时间。

表 6-3 为滤膜淤堵试验前后渗透系数对比。从表中可以直观地看出,5 种滤膜试样在进行淤堵试验后渗透系数均出现了明显的降低,由加固前的 $10^{-2} \sim 10^{-3}$ cm/s 减小到 $10^{-3} \sim 10^{-4}$ cm/s。结合表 6-2 发现,滤膜的等效孔径越小,淤堵情况越严重。

滤膜淤堵试验前后渗透系数对比 表 6-3

滤膜试样	厚度(mm)	加固前渗透系数($\times 10^{-3}$ cm/s)	加固后渗透系数($\times 10^{-4}$ cm/s)
试样 1	0.40	5.68	1.0
试样 1′	0.40	5.33	2.6
试样 2	0.36	6.16	3.4
试样 2′	0.36	6.34	1.7

续上表

滤 膜 试 样	厚度(mm)	加固前渗透系数($\times10^{-3}$cm/s)	加固后渗透系数($\times10^{-4}$cm/s)
试样 3	0.32	9.12	6.8
试样 3′	0.32	8.64	5.9
试样 4	0.27	19.52	15.3
试样 4′	0.27	18.75	14.9
试样 5	0.28	26.77	29.2
试样 5′	0.28	25.94	25.5

图 6-17 为加固前后滤膜等效孔径与渗透系数的对应关系图。由图可知,加固前后,滤膜的渗透系数均随着等效孔径的增大而增大。为此,在对高含水率吹填土进行处理时,宜选用等效孔径大的滤膜。

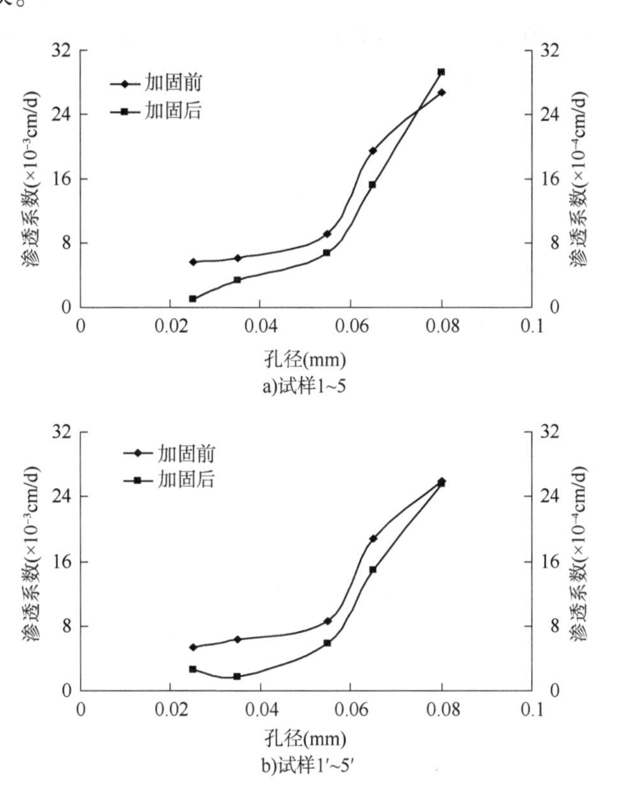

图 6-17　加固前后滤膜孔径与渗透系数关系曲线

6.4　小　　结

鉴于目前国内对排水板滤膜的研究还不系统、不完善,尤其是对排水板滤膜在软基排水固结加固过程中的淤堵现象的深层次认识还不足,本章对大窑湾北岸少量吹填土样在抽真

空条件下的淤堵情况进行了初步的试验研究。从研究结果看,可以得到如下几点结论和建议:

①排水板滤膜在软基加固中表现出双重作用,尤其是对超高含水率的吹填淤泥。这种双重作用主要表现为:既要有足够大的渗透系数以便及时排出土体的孔隙水,又要防止吹填土细小的颗粒随孔隙水顺排水板通道过多地排出,简述为排阻作用相结合。

②从排水板滤膜的双重作用出发,较为系统地总结了塑料排水板加固吹填土时的淤堵机理,从而为大窑湾北岸吹填土滤膜淤堵试验提供理论支持。

③通过5组试验研究了大窑湾北岸吹填土"土柱"形成的过程,在此基础上结合试验数据分析了土柱的形成原因,并给出了减缓"土柱"形成的分级真空预压设想,为分级真空预压试验提供指导。

④通过对比滤膜淤堵试验前后滤膜渗透系数的变化,得到了滤膜渗透系数与孔径的相关关系。但由于试验时间的问题,未能进行长期的抽真空试验,未能明确滤膜渗透系数与加固时间的对应关系。

⑤滤膜与吹填淤泥的匹配十分关键,直接影响排水滤膜的淤堵及排水系统的使用期,需要进行进一步试验加以确认。

第 7 章 分级真空预压原理及室内试验研究

7.1 分级真空预压原理

近年来,真空预压法作为一种经济实用的地基处理方法在软基处理工程中得到了广泛的应用。尤其是随着沿海沿江地区吹填造陆工程的兴起,面对其他地基处理方法难以加固的高含水率、高压缩性、大孔隙比吹填淤泥,越来越多的工程技术人员选择真空预压法。但是由于吹填土工程性质极差,采用该法进行处理时,常出现工后沉降大、强度增长慢、加固效果不理想的情况。如前文所述大窑湾南岸三期 15 号~18 号泊位后方吹填区及 19 号~21 号泊位后方泥塘均出现类似情况。为此,有必要对现有的真空预压技术进行局部的改进,以便更好地适应加固吹填淤泥的需要。

7.1.1 分级真空预压理念

目前,对于真空预压的原理已经形成较为统一的认识。但由于在软基处理中出现了种种加固效果不理想的现象,越来越多的技术研究人员开始对其工艺和方法进行局部的改进,以便找到更为合理的真空预压技术。对真空预压技术的改进主要从以下几个方面进行:①排水系统的改进,出现了长短板真空预压技术、无砂垫层真空预压技术、直排式真空预压技术、复式滤水管网低位真空预压技术以及对滤管及排水板的改进技术;②密封系统的改进,主要有对排水系统的连接部位进行密封改进(如密闭直抽分段式真空预压技术),对真空预压密封墙、压膜沟进行改进,并出现了自补偿密封式真空预压结构;③真空压力施加系统的改进,出现了分离式直连真空预压(水汽分离)、增压真空预压技术、气压劈裂真空预压技术、超软土地基梯级真空排水固结技术等。

根据排水板滤膜淤堵试验可知,真空压力的作用容易引起排水板滤膜的淤堵。在吹填土含水率较大时,土中的悬浮状态颗粒较多,为减缓土中悬浮的自由颗粒在随水排出的过程中对滤膜造成的淤堵,宜在真空预压开始阶段施加较小的真空值,然后根据土体状态,逐级施加真空压力,通过控制排水速度进而改善滤膜淤堵现象。在上述真空预压技术中,与本研究较为接近的是超软土地基梯级真空排水固结技术,该专利技术虽然涉及真空压力梯级压力从小到大分 5 级逐渐增大,却没有详细阐明实现的方法,仅阐述一种真空预压分级的理念,作为一种技术专利来说并不完善。

7.1.2 基于流体力学三大方程的分级真空理论公式

7.1.2.1 真空压力的形成

目前,真空预压采用的真空发生装置为真空射流泵。其最基本的组成部分是潜水泵、射流器。潜水泵的作用是产生高速水流,射流器的作用是在高速水流通过时产生真空。射流器本质上是一个精度要求较高的文丘里管,其基本原理是当水流断面由宽变窄时,水流的势能转变为动能,并在势能较低的位置形成一个真空区域,见图 7-1。

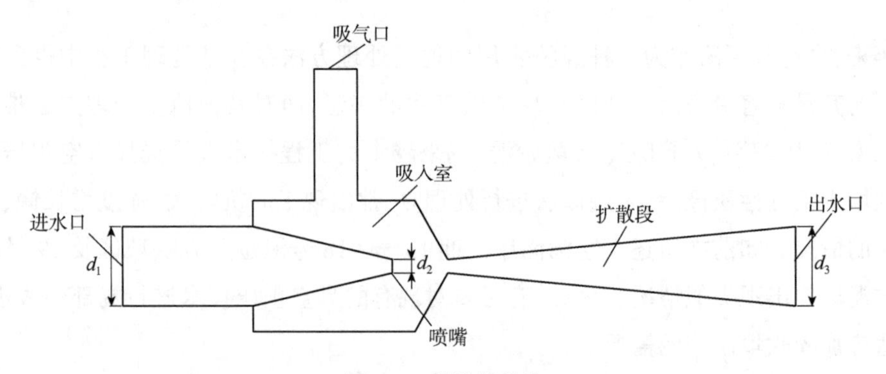

图 7-1 射流器构造

7.1.2.2 分级真空压力的理论公式推导

射流器真空压力可以根据流体力学伯努利方程和连续方程进行计算。现假设水流在通过进水口进入吸入室时存在水头损失 Δh_1,从吸入室流出出水口时存在水头损失 Δh_2,则水流从进水口到出水口可表达为两个伯努利方程:

$$\frac{v_1^2}{2g}+\frac{p_1}{\gamma}+z_1-\Delta h_1=\frac{v_2^2}{2g}+\frac{p_2}{\gamma}+z_2 \tag{7-1}$$

$$\frac{v_2^2}{2g}+\frac{p_2}{\gamma}+z_2-\Delta h_2=\frac{v_3^2}{2g}+\frac{p_3}{\gamma}+z_3 \tag{7-2}$$

式中:v_1、v_2、v_3——分别为进水口、喷嘴及出水口流速;

p_1、p_2、p_3——分别为进水口、喷嘴及出水口压强;

z_1、z_2、z_3——分别为进水口、喷嘴及出水口位置势能;

g——重力加速度;

γ——水的容重。

令进水口流量为 Q_1,出水口流量为 Q_2,则连续方程可表达为:

$$Q_1=v_1A_1=v_2A_2 \tag{7-3}$$

$$Q_2=v_3A_3 \tag{7-4}$$

式中：$A_1 = \pi d_1^2/4$，$A_2 = \pi d_2^2/4$，$A_3 = \pi d_3^2/4$——分别为进水口、喷嘴及出水口面积；

d_1、d_2、d_3——分别为进水口、喷嘴及出水口直径。

通常情况下，进水口、喷嘴及出水口位置势能较为接近，联合式(7-1)～式(7-2)得：

$$p_2 = \frac{p_1 + p_3}{2} - \frac{8\gamma}{\pi^2}\left(\frac{Q_1^2}{gd_2^4} - \frac{Q_1^2}{2gd_1^4} - \frac{Q_2^2}{2gd_3^4}\right) + \frac{\Delta h_2 - \Delta h_1}{2}\gamma \tag{7-5}$$

由于 $\gamma = \rho_w g$，令 $d_2^4/d_1^4 = k_1$，$d_2^4/d_3^4 = k_2$，$Q_2^2/Q_1^2 = \alpha$，$(\Delta h_2 - \Delta h_1)/2 = \Delta h$，代入上式得：

$$p_2 = \frac{p_1 + p_3}{2} - \frac{4\rho_w Q_1^2}{\pi^2 d_2^4}(2 - k_1 - \alpha k_2) + \Delta h\gamma \tag{7-6}$$

通常情况下 $p_1 \approx p_3$，式(7-6)化简为：

$$p_2 = p_1 - \frac{4\rho_w Q_1^2}{\pi^2 d_2^4}(2 - k_1 - \alpha k_2) + \Delta h\gamma \tag{7-7}$$

由式(7-7)可知，Δh 通常由材料及结构本身性质决定，ρ_w 为水的密度，如果要使 p_2 减小，可通过增大进水流量、减小喉管直径、减小 d_2/d_1、减小 d_2/d_3、减小出进流量比 Q_2/Q_1 等一种或几种方式实现。其中，射流器进出口直径、喉管直径及进口压力均已给定，控制 p_2 大小的简单、实用的方法是控制进口流量的大小。由此可见，分级真空预压的关键在于进水口流量的控制。

7.2　分级真空预压试验方案

现有真空预压技术在处理吹填土时加固效果不甚理想，尚存在一些有待继续改善之处。大窑湾北岸吹填土土性虽然好于南岸，但由于吹填土成分相近，其真空预压加固效果尚需验证。为解决排水板淤堵问题，改善大窑湾北岸吹填土加固效果，提出一种分级真空预压的改进方法。

通常情况下，在进行真空预压施工时，排水板间距为 0.8～1.0m。因此，本次室内分级真空预压试验采用间距 0.8m 的矩形布置方式。在传递真空度的方式上，采用滤管同排水板绑扎及气管通过密封头同排水板直接连接两种方式。在进行真空预压时，分别对两种排水系统进行抽吸，先对滤管与排水板绑扎式排水系统进行抽真空，趋于收敛后再进行另外一种排水系统抽真空试验。在两次抽真空试验过程中，均分级施加压力。

7.2.1　试验准备

7.2.1.1　土样

本次试验在 3 号塘共取 24 桶吹填淤泥土，其中 18 桶用于室内分级真空预压试验，这主要是考虑到3号塘吹填形成最晚，且吹填淤泥性质最差，较为有代表性。将桶装吹填土缓慢倒入模型试验箱内，如图7-2、图7-3所示。考虑到吹填淤泥经多次扰动，与现场条件有较大区别，根据试验安排，将吹填土置于模型箱内静置15d，等吹填土结构稍有恢复后，再开始分级真空预压试验。

图7-2 分级真空预压试验模型箱

图7-3 模型箱土样装满

7.2.1.2 试验设备

根据试验要求，分级真空预压试验主要仪器有小型潜水泵(0.75kW)、排水系统、模型箱、真空表、孔隙水压力计、小型沉降板等。模型槽为无盖立方体，截面宽1.6m，高2.0m。在10m水头下无漏水现象，满足真空预压密封要求。两侧设透明有机玻璃，以便能直观观察吹填土处理情况。排水板采用淤堵试验结果最优者。

7.2.2 试验步骤

①在吹填淤泥现场取样(或按现场淤泥性质制样)，置入模型箱，高度1.90m，布置插排水板，如图7-4所示。将排水板与滤管绑扎，并对绑扎点进行密封处理，形成滤管排水系统，见图7-5。排水板与直径12mm气管通过特制密封头相连形成气管排水系统。将气管和滤管一头密封，以减少真空度损失。

②在吹填土上铺设一层土工布，按图7-4所示的布置方式打设塑料排水板，铺设3层密封膜，将气管、滤管分别与排水管相连，引出密封膜并对排水管出口进行密封，然后将排水管与真空射流器吸气孔相连(图7-6)。

③分别在膜下、0.5m深度及1.5m深度排水板中与吹填土中安装真空表，分别在0.5m、1.5m深度埋设孔隙压力计，在真空密封膜顶部中心和四角安装沉降板(图7-7)。开始第1部

分抽真空时,真空度由 20kPa 逐渐向 80kPa 过渡。考虑到现场工期要求,真空压力施加按照 2~3d 一级,分 4 级加满。

④其间,测试淤泥表面沉降、板中和泥中真空度、孔隙水压力,见图 6-7。

⑤根据监测结果,终止第 1 部分抽真空,取土进行含水率试验、十字板剪切试验。开启第 2 部分气管真空泵,测试淤泥表面沉降、板中和泥中真空度、孔隙压力。

⑥根据测试结果,确定停泵时间,停泵。

⑦取土进行含水率试验、十字板剪切试验。

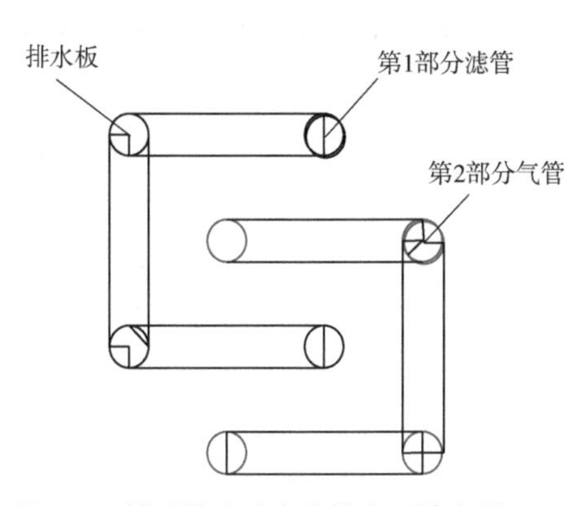

图 7-4　模型箱试验真空排水系统布置

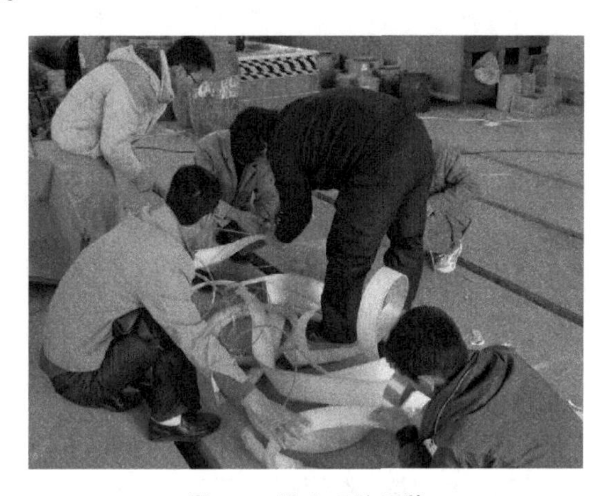

图 7-5　排水系统组装

图 7-6　打设塑料排水板

图 7-7　安装测试仪器

7.2.3　试验过程

根据进度安排,2013 年 11 月中旬排水板、监测仪器、真空射流泵等均安装调试完毕后,开始进行分级真空预压试验,其进度如表 7-1 所示。

分级真空预压模型箱试验抽真空过程　　表 7-1

排水系统	真空荷载维持时间				卸载时间	满载天数
	20kPa	40kPa	60kPa	80kPa		d
滤管	2013.11.14~11.15	2013.11.15~11.17	2013.11.17~11.19	2013.11.19~12.16	2014.12.16	31
气管	—	2013.12.17~12.18	2013.12.18~12.25	2013.12.25~卸载	2014.1.29	43

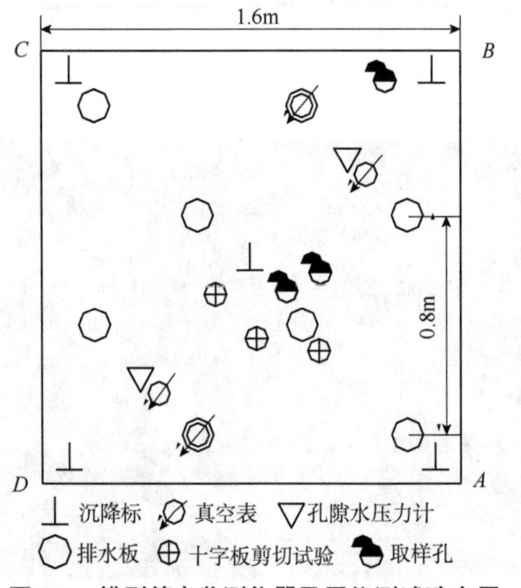

图 7-8　模型箱内监测仪器及原位测试孔布置

在分级真空预压试验过程中,需对孔隙水压力、沉降及真空值进行监测,以便了解吹填土的沉降固结变化,指导现场实践。加固后需对吹填土进行室内土工试验及原位测试,通过分析对比物理力学性质指标的变化,了解土体的加固效果。监测仪器埋设位置、取样位置、箱内原位测试点位详见图 7-8。

分级真空预压模型箱试验分两个阶段进行。第一个月进行滤管方式抽真空,之后再进行气管方式抽真空,整个抽真空时间为 75d。

7.3　分级真空预压试验成果及分析

7.3.1　真空压力分析

图 7-9 为真空压力随时间的变化情况。根据滤膜淤堵试验结果,“土柱”过早形成将延缓沉降的发展,进而影响加固效果。为此,在进行滤管方式抽真空时,真空压力分 4 级施加,每级真空压力约-20kPa。同时,考虑到现场施工情况并结合滤膜淤堵试验结果,本模型箱试验每级荷载施加的间隔为 2~3d。在进行气管方式抽真空时,真空压力分 3 级施加,其中第一级真空压力为-40kPa,这主要是考虑到经过一个月的抽真空后,土体的强度有了提高,吹填土中的自由颗粒减少,可以承受较大的抽吸力。从图中还可以看出,在整个抽真空过程中,真空压力波动较小,仅在 2013 年 11 月 22 日出现真空度剧降,这是由于试验室电路检修断电造成的。此外,在 11 月 29 日后真空压力缓慢下降,这是真空膜密封不严造成的,经过修补后,膜下真空度迅速达到 90kPa。对比排水板真空度变化情况发

现,采用气管方式抽真空时排水板中的真空度变化规律与膜下真空度变化一致,仅随深度有一定的真空度损失,而采用滤管方式抽真空时排水板中的真空度在整个抽真空过程中较小,维持在-20kPa以下。土中真空度在整个抽真空过程中均较小。

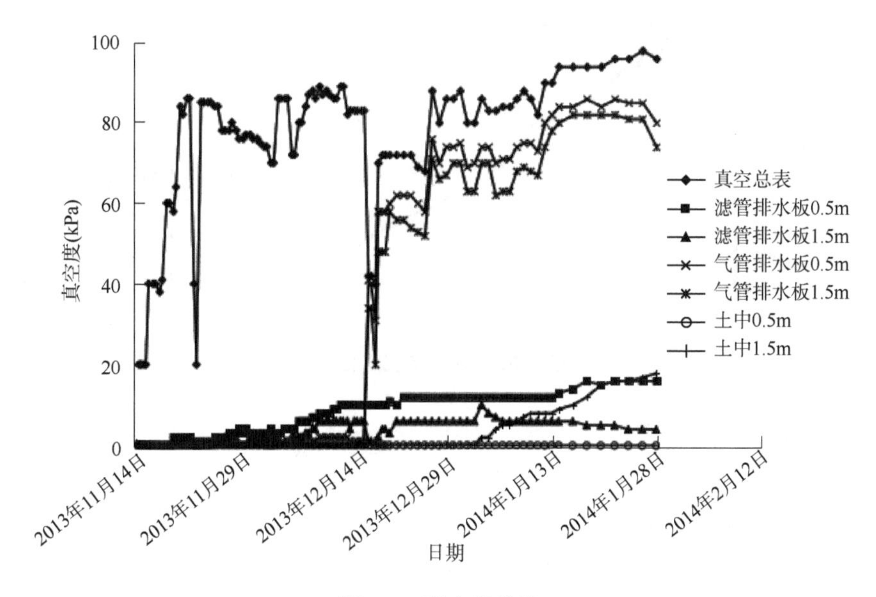

图7-9 真空度曲线

7.3.2 表层沉降分析

图7-10~图7-14为分级真空预压试验中沉降随时间的变化情况。由图可知,采用滤管方式抽真空30d后,5个测点的沉降速率降均小于0.2mm/h(2.0mm/d)。累计沉降量最大值出现在中心点,为232.0mm;最小值出现在*A*点,为199.1mm。2013年12月17日开始进行气管方式抽真空,5个测点沉降速率均上升明显,其中*A*点最大(0.67mm/h),*C*点最小(0.3mm/h)。结合图7-9可知,由于采用气管方式抽真空比采用滤管方式抽真空时排水板中真空度损失小,导致采用气管方式抽真空时,沉降加速发展。在真空压力卸载后,5个测点累计沉降分别为427.5mm(中心)、434.0mm(*A*点)、466.2mm(*B*点)、465.7mm(*C*点)、464.2mm(*D*点),说明最大累计沉降点发生了变化。采用气管方式抽真空,中心点的累计沉降量最小,而*B*点的累计沉降最大。观察模型箱土体的变形状态后,分析认为:模型箱是刚性体,其在整个真空预压过程中不发生变形,土体在真空预压过程中受排水板真空吸力的作用产生明显的向排水板方向的位移,导致土体顶部与模型箱边界脱离并引起模型箱各角点土体沉降发展快于中心区域。此外,在整个抽真空过程中,采用滤管方式时的沉降速率波动比气管方式明显偏大,这主要是由两者的真空压力传递方式不同。

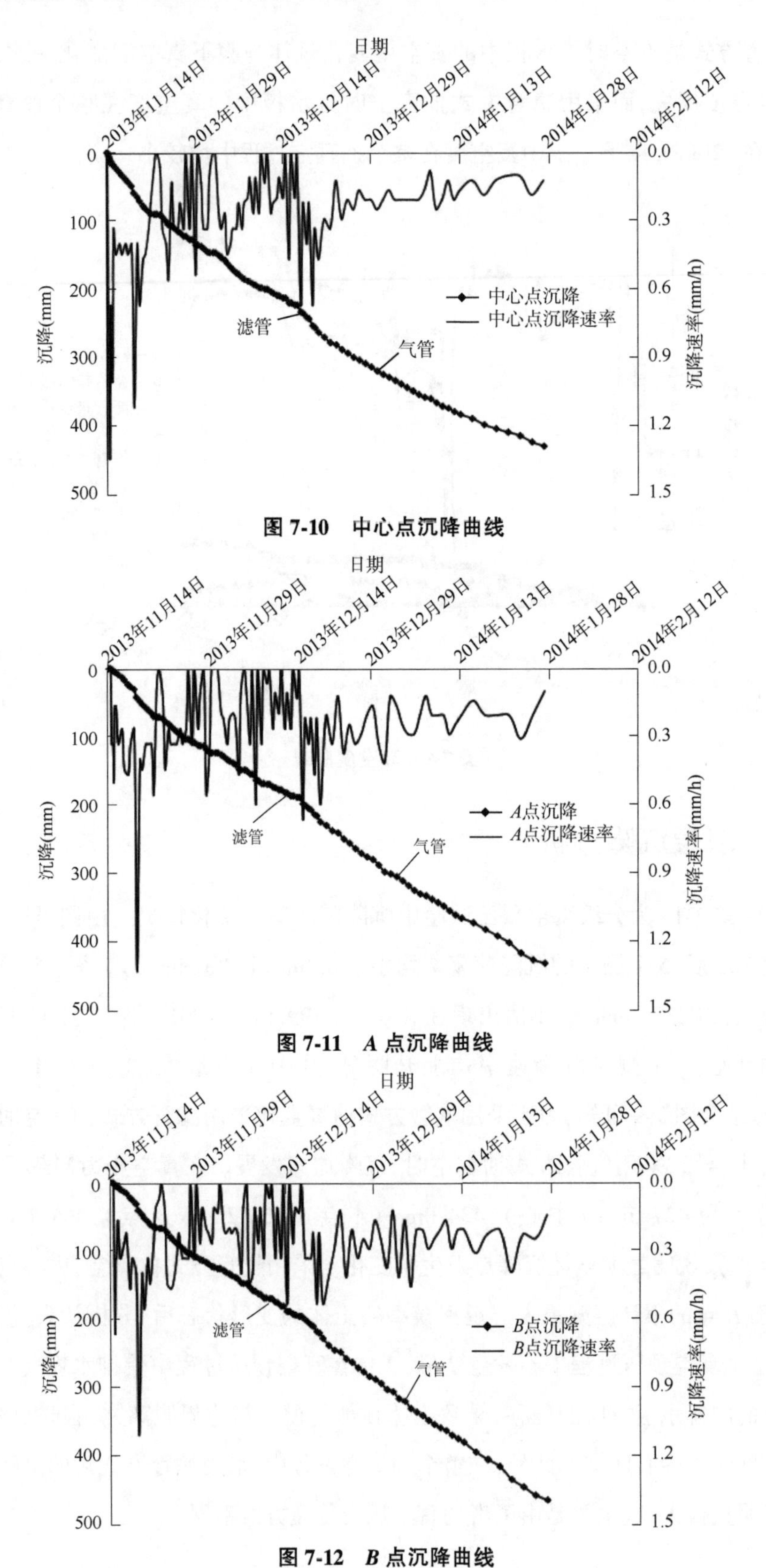

图 7-10　中心点沉降曲线

图 7-11　*A* 点沉降曲线

图 7-12　*B* 点沉降曲线

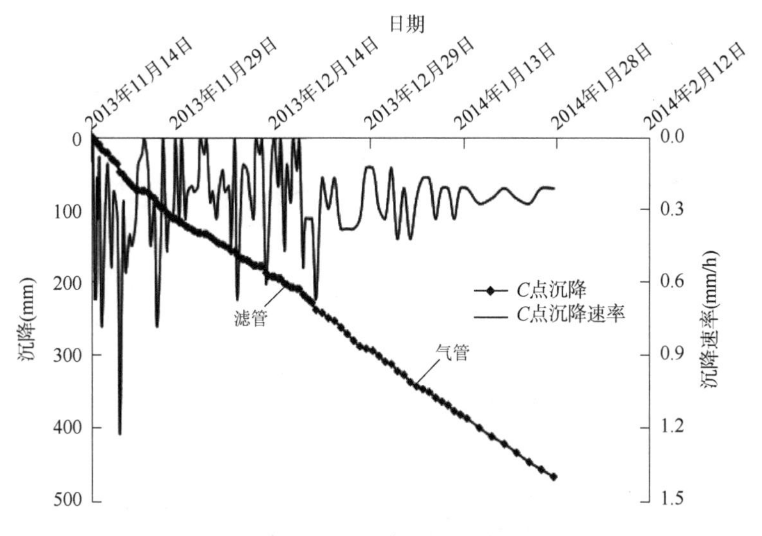

图 7-13　*C* 点沉降曲线

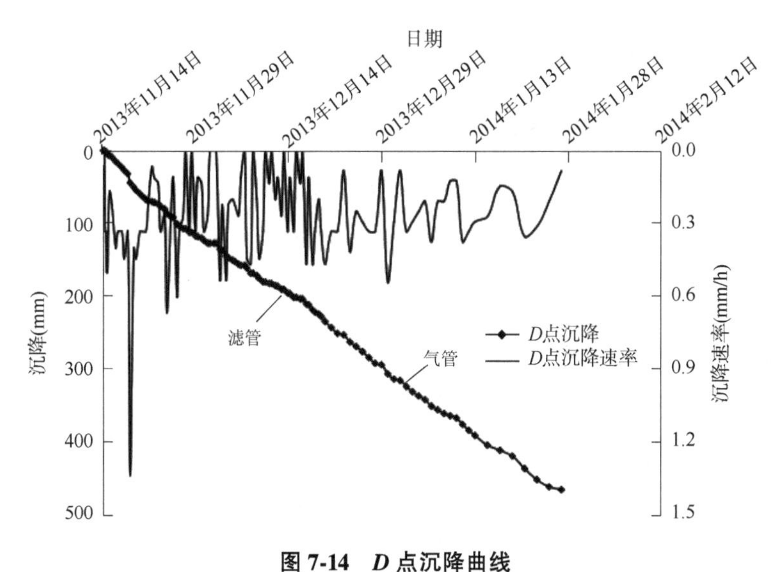

图 7-14　*D* 点沉降曲线

7.3.3　孔隙水压力分析

图 7-15 为土中孔隙水压力消散情况。从图中可以看出,采用滤管方式抽真空,土中孔隙水压力变化较小,且未出现明显的孔隙水压力消散。改用气管方式抽真空后,土体 1.5m 深度范围内的孔隙水压力消散明显,到卸载时孔隙水压力达到-43.9kPa;土中 0.5m 深度范围内的孔隙水压力在开始阶段呈上升趋势,抽真空约 20d 后开始呈下降趋势,这与吹填土含水率及排水固结特性有关。

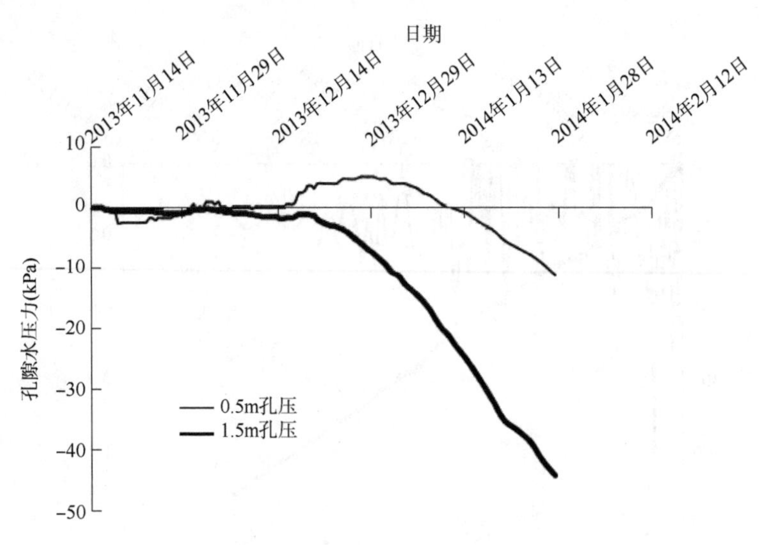

图 7-15　孔隙水压力消散曲线

7.3.4　加固效果检验

7.3.4.1　加固前后吹填土物理力学指标

表 7-2 为吹填土经过两种方式抽真空试验后的物理力学指标对比。从表中可以看出，采用滤管方式抽真空加固后，含水率降低了 15.7%，孔隙比减小了 15.5%，固结快剪黏聚力和内摩擦角分别增大了 7.4%和 9.3%，说明取得了一定的加固效果。采用气管方式抽真空加固后，含水率较初始含水率降低了 40.7%，比气管方式抽真空降低了 19.0%，孔隙比较初始孔隙比减小了 34.1%，固结快剪黏聚力和内摩擦角分别增大了 66.2%和 40.0%。说明经过气管方式抽真空，土体强度得到明显的提高。

加固前后吹填土物理力学指标　　表 7-2

加固方式	含水率(%)		密度(g/m³)		孔隙比		固结快剪			
							黏聚力(kPa)		内摩擦角(°)	
	加固前	加固后	加固前	加固后	加固前	加固后	加固前	加固后	加固前	加固后
滤管	100.9	85.2	1.46	1.52	2.695	2.276	6.8	7.3	7.5	8.2
气管	—	66.2	—	1.61	—	1.775	—	11.3	—	10.5

7.3.4.2　加固前后十字板剪切试验数据

由于室内模型试验尺寸较小，常规十字板试验的操作难度较大，为此加固前后采用便携式高精度十字板剪切仪对土体进行十字板剪切试验。采用的设备型号为 PS-VST-P，精度可达到 0.01kPa，如图 7-16 所示（该仪器属于交通运输部天津水运工程科学研究所出于探索目的研制的试验仪器,不作为常规检测仪器使用,该仪器所测得数据仅作对比参考之用)。

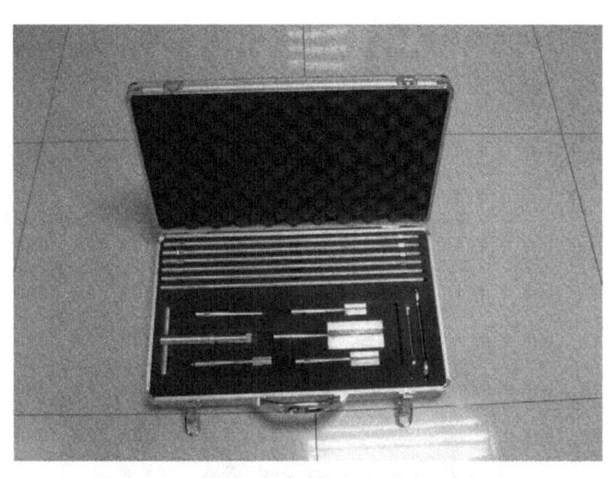

图 7-16 便携式高精度十字板剪切仪

图7-17为滤管方式抽真空加固后的十字板抗剪强度随深度变化关系。从图中可以看出,经滤管方式抽真空加固后,土体的十字板抗剪强度有了较明显的增大,由加固前的0.1~0.2kPa增大到加固后的2.0~5.3kPa。模型箱顶部的十字板抗剪强度是下部的2.0~2.5倍,说明滤管方式抽真空对顶部的加固效果优于下部。扰动后土体的强度迅速降低到1.0kPa以内。顶部土体的灵敏度在5.3~6.5,属于灵敏吹填土,应注意对加固后吹填土结构性的保护。从图中还可以看出,离排水板越远,十字板抗剪强度越小。

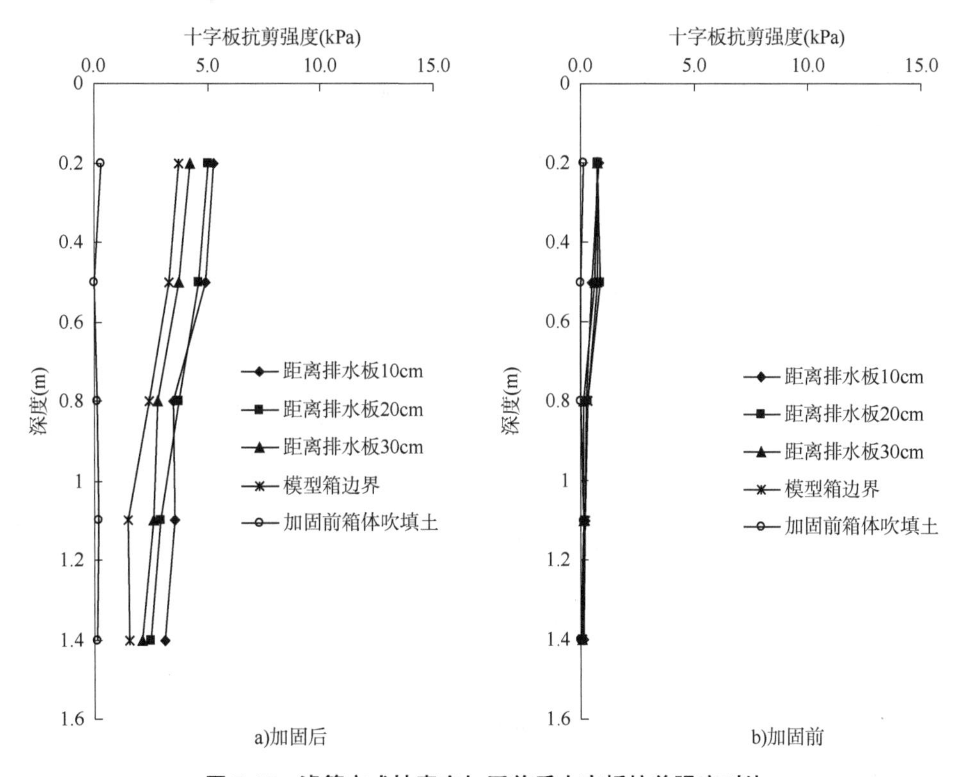

图 7-17 滤管方式抽真空加固前后十字板抗剪强度对比

图7-18为气管方式抽真空加固后的十字板抗剪强度随深度变化关系。由图可知,经滤管方式抽真空加固后再进行气管方式抽真空,土体的强度得到了进一步的增长。表层十字板抗剪强度最大值达到13.2kPa,而底部最小值仅为3.9kPa。这说明上部土体的加固效果明显好于下部,这与滤管方式抽真空相似。随着距排水板距离的增加,十字板抗剪强

度的降低比滤管方式抽真空更为明显。顶部土体的灵敏度在5.0~6.5,规律与滤管方式抽真空类似。

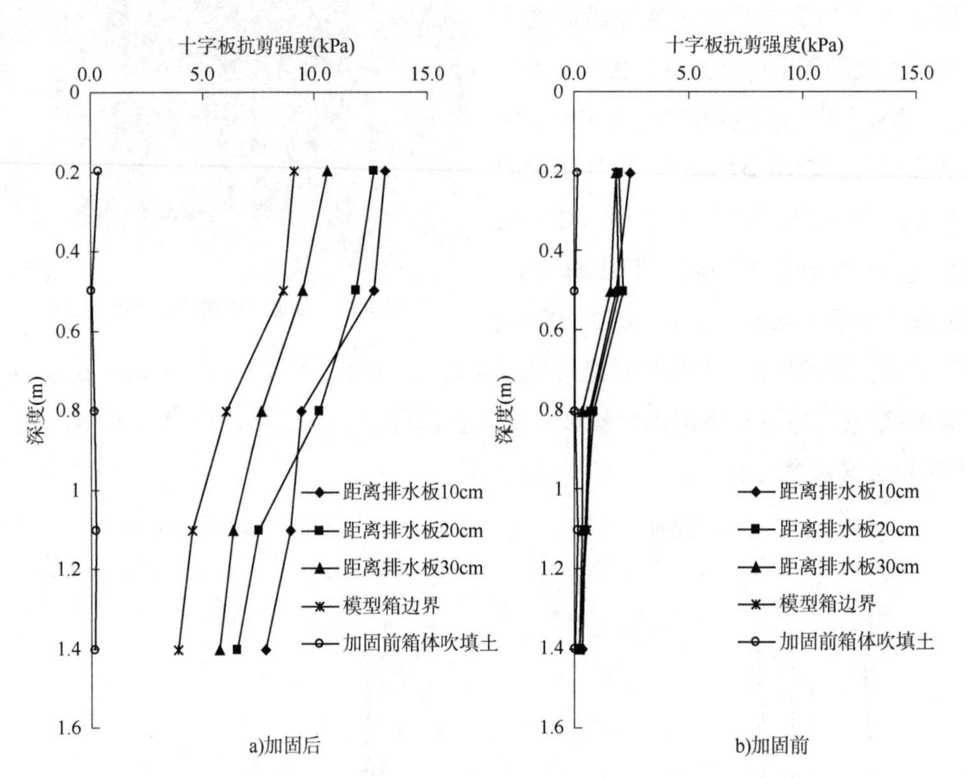

图7-18 气管方式抽真空加固前后十字板抗剪强度对比

7.4 对现有真空预压工艺的改进

7.4.1 真空预压设计方案改进

真空预压工艺的设计内容主要包括密封膜内的真空度、竖向排水体的尺寸、卸载标准。

7.4.1.1 密封膜内的真空度

真空预压效果同密封膜内所能达到的真空度关系极大。根据目前常规真空预压设计要求及室内试验研究成果,对真空预压的密封膜内真空度的控制建议为:①当中粗砂等料源供给较多时,应采用有砂垫层真空预压工艺,砂垫层有利于密封膜内真空度均匀扩散,此时密封膜内真空度应维持在85kPa以上;②当中粗砂等料源供给较少时,可以采用滤管和气管直排式抽真空,此时密封膜内真空度应维持在90kPa以上;③当吹填土含水率过大、无法承担机械荷载时,应先进行浅部处理,真空压力宜分级施加,以延缓“土柱”形成进程,减轻排水板的淤堵效应。

7.4.1.2　竖向排水体的尺寸

竖向排水体采用的塑料排水板应根据地层深度进行选择，在满足现行《水运工程塑料排水板应用技术规程》(JTS 206-1)的前提下，宜选用大孔径的滤膜，这主要是考虑到充分发挥排水板滤膜的双重作用(既要保证足够大的渗透性，又要防止细小颗粒随水排出)。要达到相同的固结度，排水板间距越小，则所需的时间越短，但对土体的扰动也越大。结合大窑湾南岸经验，排水板间距取 0.6~0.8m 较为合理。

7.4.1.3　卸载标准

卸载标准应由抽真空时间、固结度、沉降速率、承载力等参数控制。针对大窑湾北岸吹填土，建议在进行真空预压时可分类进行控制：

①当采用常规有砂垫层真空预压方式时，宜结合规划地块的用途进行控制。对于沉降控制不严格的地块，可以承载力为主要参数进行控制；对于沉降要求较为严格的地块，应以沉降速率、固结度、承载力进行控制。抽真空时间可作为辅助因素用于分析计算。

②当采用无砂垫层滤管和气管直排式抽真空时，除满足抽真空时间、固结度、沉降速率、承载力等卸载要求外，还应结合密封膜内真空度、孔隙水压力消散情况，对加固效果进行综合分析。

③当采用真空预压进行浅层处理时，根据室内分级真空预压试验结果，可采用滤管或气管方式抽真空。当采用滤管方式抽真空时，抽真空时间不宜短于 60d；采用气管或联合方式抽真空时，抽真空时间可适当缩短，但不宜短于 45d。然后根据需要，再对深部吹填土进行二次处理。

7.4.2　真空预压施工工艺改进

目前，常规有砂垫层真空预压和无砂垫层直排式真空预压施工工艺已经趋于完善，改进的余地较小。下文所述施工工艺主要是在室内试验的基础上，结合目前吹填淤泥浅层真空预压实践经验提出的改进建议。

7.4.2.1　施工设备及材料

1)抽真空系统

该系统主要由蓄水池、7.5kW 潜水泵、分流管、射流器、出水管组成。与室内分级真空预压试验系统相似，最简单的方式是在常规真空预压射流器前加一个三通，并在三通的两个出水口分别加一个阀门，以便调节通过射流器的水量，实现分级真空预压，并可防止在分级真空预压前期施加一级压力时通过射流器的水量过小而出现烧泵。该装置的技术指标为：射流器吸气口形成的最大负压为-98kPa 以上,可通过进口流量对膜下真空度进行调整。

2)密封系统

该系统由塑料薄膜、土沟、土堤等组成,与常规真空预压试验要求一致,不做详细展开。

3)排水系统

排水系统主要包括塑料排水板、滤管、气管、快速密封头及快速三通接头。

4)其他辅助材料

由于高含水率吹填土无法承重,要在其上采用人力打设排水板,需要在泥面上铺设编织布、土工布等辅助材料。

7.4.2.2 施工流程及要求

①在吹填泥面上依次铺设一层编织布和无纺土工布,要求编织布单位面积密度达 200g/m^{2}以上,无纺土工布单位面积密度在 200g/m^{2}以上。在承载力特别低的区域,还要铺设荆笆或竹篱,以保证施工人员安全。

②人工打设排水板前,需对排水板末端进行密封,防止打设过程中淤泥进入排水板而造成排水板排水不畅,影响加固周期和效果。正方形或梅花形布置均可,间距在 0.6~0.8m 为宜。人工插入深度不宜小于 4.0m,但当人力无法继续打设时可停止。排水板外露长度满足同滤管和气管连接的需要。

③水平滤管和气管间隔铺设,可每隔两排塑料排水板布置一条水平管道(双排单布)或每隔一排塑料排水板布置一条水平管道(单排单布)。水平滤管及排水板主要用于解决膜下真空度的传递问题,气管主要用于加速土体中真空度的传递。将排水板与滤管连接,应注意滤管与排水板连接时的密封性,以免过多的颗粒进入接触面而产生淤堵。将排水板与气管相连时,应在对快速接头与气管的连接部位进行密封处理后埋入淤泥面以下。在铺设滤管或气管的同时,应埋设监测仪器。

④在水平管道上沿垂直滤管和气管方向铺设排水板,然后在排水板上铺设一层无纺土工布。

⑤安装抽真空系统,并将气管和滤管同排水管相连。

⑥铺设两层密封膜,挖压膜沟,密封要求同常规真空预压。

⑦开泵试抽,根据真空预压区的大小确定开泵量,一般分 3~5 批进行试抽,持续时间为 3~5d,根据真空度稳定情况对密封膜进行二次密封处理。

⑧分级抽真空开始,根据室内淤堵试验和模型箱试验情况,现场宜采用 3 级加载方式,每级 25~30kPa,每级荷载维持 5d 左右,最终膜下真空压力不小于 85kPa,抽真空时间不少于 45d。

7.5　小　　结

本章主要对室内分级真空预压模型箱试验进行了系统的描述和分析,并在此基础上提出了对含水率约100%的吹填土进行浅层分级真空预压的工艺改进建议。主要结论与建议如下:

①从原理上阐述了分级真空预压实现的可行性。并在此基础上,以流体力学三大方程为基础推导了真空预压分级施加的理论方程,并对方程中的控制参数进行了分析,这对室内分级真空预压的实现起到了理论指导作用。

②根据试验要求,设计了室内分级真空预压试验的方案,并选定了抽真空的设备,定制了专门的射流器。

③通过室内分级真空预压试验发现,当采用无砂垫层滤管直排式抽真空时,排水板中真空度下降缓慢,传递阻力较大。而当采用气管方式时,排水板中真空度传递良好。这说明气管方式有利于真空度在排水板中传递且损失较小。为此,建议在对高含水率吹填土进行浅部处理时,可将两种方式相结合,发挥各自的优势,以便达到对土体的表层和深部同时进行加固的目的。

④为了便于设计及现场施工参照,根据室内试验结果和当前的浅层处理方法,建设性地对高含水率吹填土浅层处理真空预压工艺提出了局部改进。然而,有些参数还需通过大量现场试验进行验证和调整后才能进行大面积应用。

第8章 大窑湾北岸吹填土固结与变形分析

8.1 吹填土本构模型

土体的固结和变形问题一直是岩土工程中最为重要的问题之一。在研究土体的固结与变形问题时,首先需要选择一个合理的本构模型。所谓本构模型就是某种作用和该作用下所产生的效应之间的关系。广义上,土体的本构模型就是土体的应力-应变-强度-时间关系。通常意义上,土的本构关系就是指应力-应变关系。对于吹填土来说,在上部荷载作用下,其变形量往往达到土层厚度的10%~20%,甚至超过30%。这种应力-应变关系具有高度的塑性非线性特点,而一般的弹性或弹性非线性本构关系均难以较好地反映吹填土的这种特点。

8.1.1 应力-应变特性

一般来说,土的形成经历了漫长的地质过程,由于在形成过程中受风化、搬运、沉积和固结的影响,其应力-应变关系十分复杂。土的应力-应变特性主要有非线性、弹塑性、胀缩性、结构性及流变性等,主要的影响因素有应力水平、应力路径和应力历史等。吹填土是在整治和疏通江河航道时,用挖泥船和泥浆泵把江河和港口底部的泥沙通过水力吹填而形成的沉积土。其矿物来源、组成与当地沉积土基本一致,但水力吹填作用改变了它的沉积环境和结构性,进而影响到了它的固结和变形特性。

8.1.2 本构模型的选择

土的本构模型的建立是一个极为复杂的过程:首先,通过选取合理的参数及手段,利用严密的弹塑性理论,确立屈服和破坏关系;然后,经过室内试验和现场测试,对模型的参数进行修正,最终建立起土的本构模型。

现有的土的本构模型主要有两大类:弹性模型和弹塑性模型。由于吹填土应力-应变关系具有高度的非线性,且其塑性变形较大,显然弹性模型不适用于建立吹填土本构模型。对于吹填土,本构模型的选择是一个较为复杂的问题。需要考虑理论的严密性、参数获得的难易程度及可靠性、计算机求解的可能性等多个方面。目前,理论界较为通用的弹塑性模型有拉德-邓肯模型、清华模型、后勤工程学院模型、南京水科所弹塑性模型、剑桥模型。这些模型有各自的特点和适用条件。

从表中可以看出,土的弹塑性模型包含多个待定参数,且各自的适用条件也不完全相同。对于吹填土而言,可以采用的模型包括清华模型、后勤工程学院模型、南京水科所弹塑性模型、剑桥模型。但结合大窑湾北岸吹填土特点及室内试验难易程度,本书认为剑桥模型是最为合适的选择。这主要体现在以下几个方面:剑桥模型的待定参数最少,便于计算和分析,且比较适用于剪缩性的软黏土;在三轴试验难以进行时,可以采用一维压缩试验,根据求得的压缩指数和回弹指数计算平面等向压缩曲线坡度 λ、平面回弹曲线坡度 κ;可根据一组剪切试验获得土的内摩擦角 φ 后计算平面临界状态线坡度 M,其换算关系为,$M = 6\sin\varphi/(3 - \sin\varphi)$ 。其他模型的参数较多,且均需要通过三轴试验进行确定,而含水率大于 80%的吹填土三轴试验装样极为困难。经综合比较,本书选定剑桥模型作为大窑湾北岸吹填土的本构模型。

8.2　修正剑桥模型

英国剑桥大学 Roscoe 和他的同事在正常固结黏土的排水和不排水试样的基础上,发展了 Rendulic 提出的饱和黏土有效应力和孔隙比成唯一关系的观点,提出"完全状态面"的概念。他们假定土体是加工硬化材料,服从相关流动规则,根据能量方程,建立剑桥模型(Cam Clay Model)。剑桥模型是一种临界状态模型。

剑桥模型中,Roscoe 和他的同事提出 Roscoe 面、Hvorslev 面与临界状态线的概念,并导出能量方程,由加工硬化特性和相关联流动法则给出屈服面方程和应力-应变关系公式。

Burland 对剑桥模型进行了修正,根据能量方程重新建立了一个椭圆形的屈服曲线,该模型比原模型能更好地反映土体的实际情况,应用范围更广。本研究中,采用修正剑桥模型(Modified Cam Clay)作为吹填土的本构模型。

能量方程为:

$$dW_p = p'[(d\varepsilon_v^p)^2 + (Md\bar{\varepsilon}^p)^2]^{0.5} \tag{8-1}$$

屈服轨迹为:

$$f = \frac{p'}{p'_0} - \frac{M^2}{M^2 + \eta^2} \tag{8-2}$$

状态边界面方程为:

$$\frac{e_{cs} - e}{\lambda \ln p'} = \left(\frac{M^2}{M^2 + \eta^2}\right)^{\left(1-\frac{\kappa}{\lambda}\right)} \tag{8-3}$$

应力-应变关系式为:

$$d\varepsilon_v = \frac{1}{1+e}\left[(\lambda - \kappa)\frac{2\eta d\eta}{M^2+\eta^2} + \lambda\frac{dp'}{p'}\right] \tag{8-4}$$

$$d\bar{\varepsilon} = \frac{\lambda - \kappa}{1+e}\frac{2\eta}{M^2-\eta^2}\left(\frac{2\eta d\eta}{M^2+\eta^2} + \frac{dp'}{p'}\right) \tag{8-5}$$

式中：W_p——塑性功；

p'——球应力；

q'——偏应力；

ε_v^p——球应力 p' 对应的应变；

$\bar{\varepsilon}$——偏应力 q' 对应的应变；

M——q'-p'平面临界状态线的坡度；

e_{cs}——临界状态线；

e——孔隙比；

λ——e-ln p' 平面上等向压缩曲线的坡度；

η——$\eta=q'/p'$；

κ——e-lnp'平面上回弹曲线的坡度；

ε_v——体积应度；

$\bar{\varepsilon}$——q' 对应的应变。

在进行吹填土地基固结度计算时，还需要土的渗透系数 k、孔隙流体（水）容重 γ_w 以及土体中的现场原位应力。土体中的原位应力可以根据土的容重和 K_0 获得。此外，为了计算土体的弹性变形，还要用到弹性体积模量 K、弹性剪切模量 G，它们是随应力变化的。

现在，可以确定模量矩阵 $\boldsymbol{D}$。当土体处于弹性状态时，

$$\boldsymbol{D} = \boldsymbol{D}_E = \frac{1}{3}\begin{bmatrix} 3K+4G & 3K-2G & 3K-2G & 0 \\ 3K-2G & 3K+4G & 3K-2G & 0 \\ 3K-2G & 3K-2G & 3K+4G & 0 \\ 0 & 0 & 0 & 3G \end{bmatrix} \tag{8-6}$$

当应力状态满足下式时屈服：

$$q^2 - M^2[p'(p'_c - p')] = 0 \tag{8-7}$$

式中：q——偏应力；

p'_c——硬化参数，可由下式计算：

$$p'_c = p'_0 \exp\left(\frac{q'_0}{Mp'_0}\right) \tag{8-8}$$

式中：p'_0、q'_0——分别为土的原位平均应力、广义剪应力。

屈服后，模量矩阵 $\boldsymbol{D}$ 为：

$$D = D_{ep} = \left(I - \frac{D_E \alpha \alpha^T}{\alpha^T D_E \alpha - cH\alpha} \right) D_E \tag{8-9}$$

式中：I——单位矩阵；

α——$\partial f / \partial \sigma = \left(\frac{\partial f}{\partial \sigma_r}, \frac{\partial f}{\partial \sigma_\theta}, \frac{\partial f}{\partial \sigma_z} \right)^T$，其中 f 是屈服函数；

H——(1,1,1)；

c——$p' p'_c \frac{1+e}{\lambda - \kappa}$。

8.3　吹填土固结理论

土的压缩变形取决于有效应力的变化。根据有效应力原理，土体的固结被描述为土中孔隙水压力消散的同时有效应力逐渐提高的过程。为了对土体固结过程进行研究，1923 年太沙基通过一系列的简化和假定，在热传导方程的基础上建立了土的一维固结理论，其在实际工程中得到了广泛的应用。之后该理论又进一步推广到二维和三维情况。目前，各类规范中常用的固结理论是在巴隆三向固结的轴对称理论基础上发展而来的，是一种特殊的三维问题。但考虑到上述理论都存在许多局限性，许多假设与实际情况不符合，在边界条件比较复杂的情况下，固结方程无法得到解析解，有限元计算便成为一种有效的手段。到目前为止，比奥（Biot）固结理论是比较完备的土的三维固结理论，该理论将弹性理论与水流的连续条件相结合，可以获得土体的应力、应变、孔隙水压力等多个参数。不足是无法得到解析解，只能通过数值计算的方法进行求解。为此，将有限元计算与比奥固结理论相结合，比常规计算方法优势明显，可以考虑土体的非线性、黏塑性等特征，考虑比较复杂的边界条件，模拟整个施工过程中土体固结变形的发展过程，并能给出任何时刻的应力、变形、孔隙水压力等多个参数的变化情况。

8.3.1　比奥固结理论

比奥固结理论的基本公式包含平衡微分方程和连续性微分方程两部分。对于空间问题，土体中任一点的平衡微分方程为：

$$\begin{cases} -\nabla^2 u^2 - \dfrac{\lambda' + G'}{G'} \dfrac{\partial \varepsilon_v}{\partial x} + \dfrac{1}{G'} \dfrac{\partial u}{\partial x} = 0 \\ -\nabla^2 v^2 - \dfrac{\lambda' + G'}{G'} \dfrac{\partial \varepsilon_v}{\partial y} + \dfrac{1}{G'} \dfrac{\partial u}{\partial y} = 0 \\ -\nabla^2 w^2 - \dfrac{\lambda' + G'}{G'} \dfrac{\partial \varepsilon_v}{\partial z} + \dfrac{1}{G'} \dfrac{\partial u}{\partial z} = -\gamma' \end{cases} \tag{8-10}$$

$$\lambda' = \frac{\nu' E'}{(1+\nu')(1-2\nu')},\ G = \frac{E'}{2(1+\nu')},\ \nabla^2 = \frac{\partial^2}{\partial x^2} + \frac{\partial^2}{\partial y^2} + \frac{\partial^2}{\partial z^2}$$

式中：E'、ν'、G'—— 分别为排水条件下的弹性模量、泊松比和剪切模量。

γ'——土的容重；

u、v、w——分别为 x、y、z 方向的位移。

假设土的渗透性各向相同，即 $k_x = k_y = k_z = k$，并将 ε_v 用位移表示出来，则上式可写为以位移和孔隙水压力表示的连续性方程：

$$\frac{\partial \varepsilon_v}{\partial t} = \frac{\partial}{\partial t}\left(\frac{\partial u}{\partial x} + \frac{\partial v}{\partial y} + \frac{\partial w}{\partial z}\right) = -\frac{k}{\gamma_w}\left(\frac{\partial^2 u}{\partial x^2} + \frac{\partial^2 u}{\partial y^2} + \frac{\partial^2 u}{\partial z^2}\right) \tag{8-11}$$

式(8-9)和式(8-10)联立，即为比奥固结方程。

8.3.2 边界条件

利用比奥固结方程进行真空预压法三维固结与变形耦合分析，边界条件包括三种：应力边界条件，位移边界条件，孔压边界条件(即真空压力作用面的负压条件)。分析中，应力边界条件和位移边界条件的类型及处理方法，与一般弹性力学问题有限元法中的边界条件完全一样，此处不再赘述。这里仅介绍孔压边界条件的处理方法。

根据试验的内容，抽真空采用了两种方式：一种是滤管方式，抽真空开始后，淤泥面层将很快达到设计的真空值(可分级施加，如-20kPa、-40kPa、-60kPa、-80kPa)，模拟时直接将负压加在淤泥面层；另一种是气管方式，将负压逐点施加在排水板上(节点孔压法)，该方法需要结合实际排水板的间距、长度以及单位长度真空度的损失情况。

8.3.3 参数选取

参数选取的质量，直接关系到有限元模拟的效果。由于剑桥模型参数较少，且前文已经对该模型三参数的取得做了较为详细的说明，在此不做详述。比奥固结理论主要的控制参数有渗透系数 k、弹性模量 E、泊松比 ν、剪切模量 G、土体的饱和容重 γ_{sat}。其中，k、γ_{sat} 均可以通过常规的土的物理力学试验获得；G 可以根据 E、ν 求得；但 E、ν 较难获得。通常情况下，土体的压缩系数 E_s 是给定的，根据 E_s 与 E 的关系可以确定 E 的取值，其关系式中唯一的参数便是泊松比 ν。由此可见，泊松比是制约 G 和 E 取值的关键因素。通常情况下，吹填土的泊松比难以直接测定，只能通过压缩试验或三轴试验测得侧压力系数，然后换算得到泊松比。

8.4　吹填土固结沉降模型分析

8.4.1　吹填土真空预压流-固耦合模型的建立

真空预压是典型的流-固耦合过程。一般情况下抽真空时间为 3~4 个月。由于大窑湾北岸吹填土含水率高、渗透性差,为了弥补室内试验抽真空时间较短的不足,设置抽真空时间为 4 个月。通过对分级真空预压进行模拟,探求分级真空预压固结沉降特性。模型尺寸与室内模型箱分级真空预压试验一致,排水板间距为 0.8m,将排水板换算为等效直径6.6cm,每级真空压力为 20kPa,分四级施加,并假定吹填土完全饱和。模型网格划分见图 8-1。

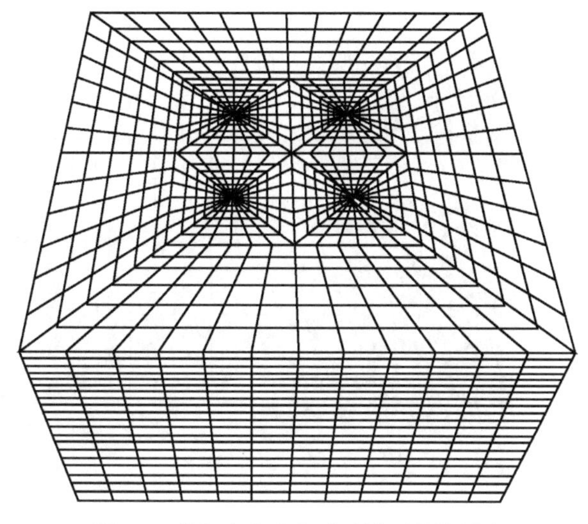

图 8-1　分级真空预压试验模型网格划分

8.4.2　数值模拟结果及分析

采用三维模型不便于直观表达排水板内及土体内孔隙水压力消散情况,在实际计算时需截取排水板中心所对应的剖面,以便观察孔压和沉降变化规律。

8.4.2.1　孔隙水压力分析

图 8-2、图 8-3 分别为滤管和气管方式抽真空结束时的孔隙水压力云图。从图中可以看出:采用滤管方式抽真空后,顶部以下 1.0m 范围内土体孔隙水压力消散最为明显;而采用气管方式抽真空后,在整个加固深度内孔隙水压力均明显消散,这与室内试验实测情况不同。原因可能为土体的渗透性差,孔隙水压力计被淤泥堵塞,造成负压损失或滞后。此外,发现滤管方式抽真空的孔隙水压力实测值与数值模拟值差异巨大,这说明滤管方式抽真空尚需改进,以便对该工艺进行完善。

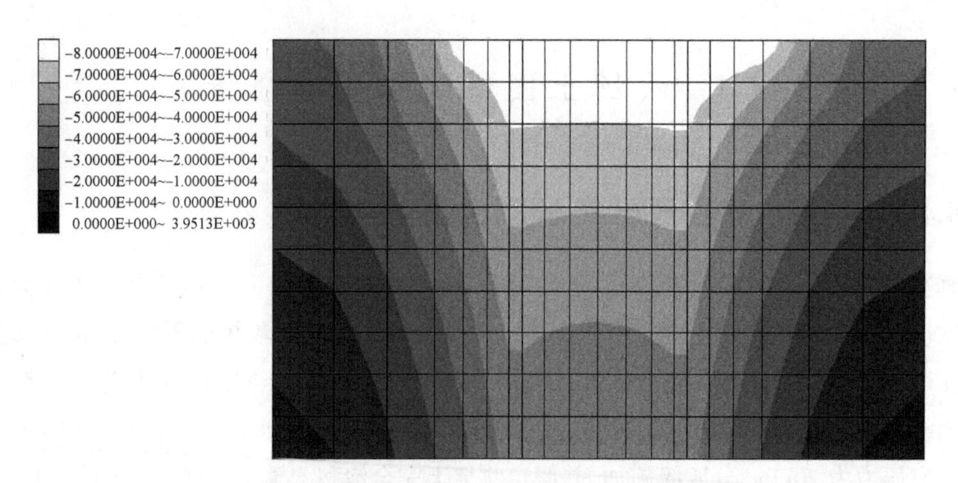

图 8-2　滤管方式抽真空孔隙水压力云图(单位:Pa)

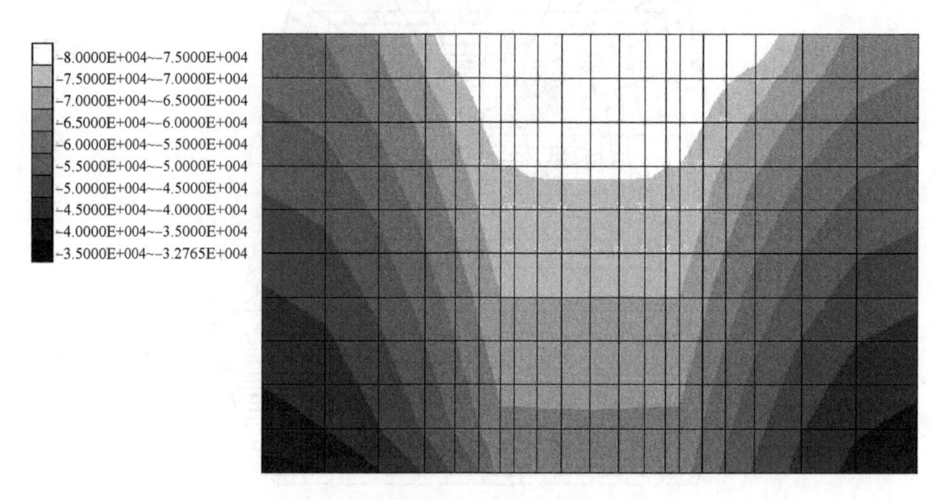

图 8-3　气管方式抽真空孔隙水压力云图(单位:Pa)

8.4.2.2　沉降分析

图 8-4 是滤管方式抽真空结束时的沉降云图。从图中可以看出,累计沉降最大点出现在土层顶面中心处,为 288.8mm,比实测沉降量大 56.8mm。图 8-5 是气管方式抽真空结束时的沉降云图。从图中可以看出,累计沉降量最大点出现在边界处,为 455.6mm,接近实测最大值(466.2mm)。气管方式抽真空后,沉降最大点发生了改变。

8.4.2.3　位移分析

由于室内试验存在局限性,故难以获得土体的水平位移。采用数值模拟的方式则可以弥补这一缺陷。图 8-6、图 8-7 分别为滤管和气管方式抽真空结束时的水平位移云图。从图中可以看出,滤管方式抽真空结束时的水平位移云图呈沙漏形,存在两个极大值,一个出现在顶部,一个出现在 0.8m 深度处。气管方式抽真空结束时的水平位移云图呈橄榄形,最大位移点出现在 1.0m 深度处。这主要是抽真空工艺不同造成的。从图中还可以看出,滤管方式抽真空结束时的水平最大位移为 36.6mm，气管方式抽真空结束时的水平最大位移为 40.3mm，两者相差微小。对比沉降云图，发现无论采用何种抽真空方式，水平位移量仅为沉降量的 8.5%～12.6%，说明沉降是吹填土变形的主要方面。

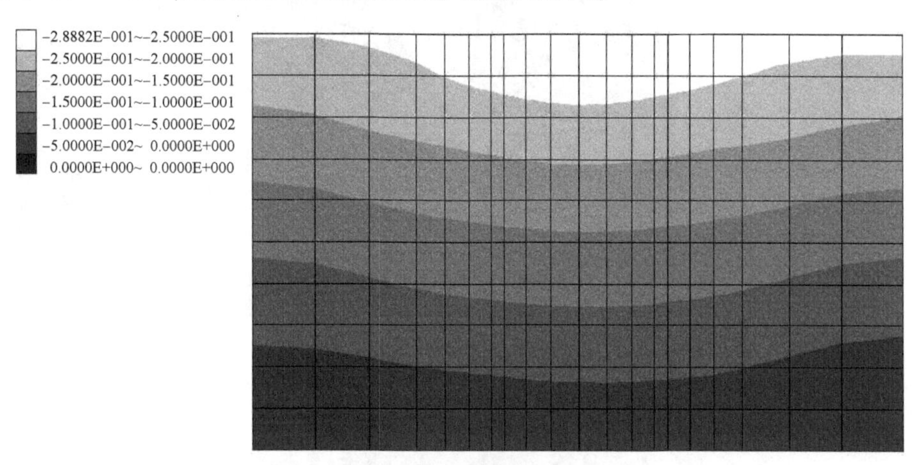

图 8-4　滤管方式抽真空沉降云图(单位：m)

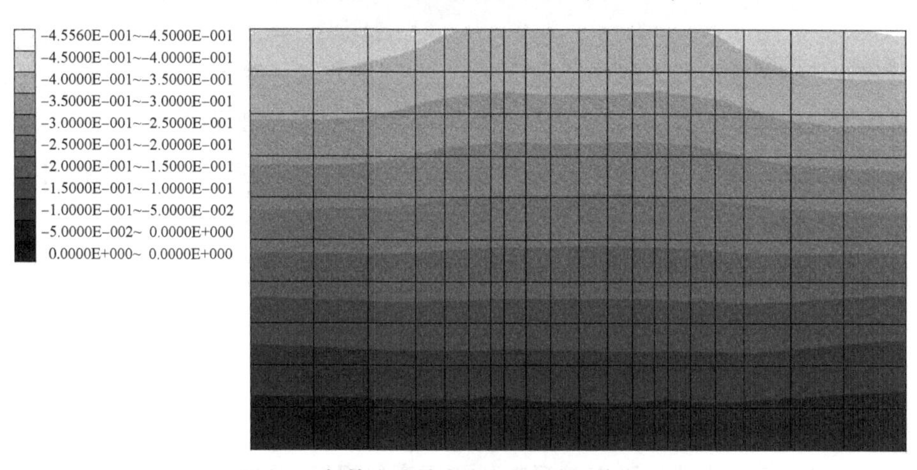

图 8-5　气管方式抽真空沉降云图(单位：m)

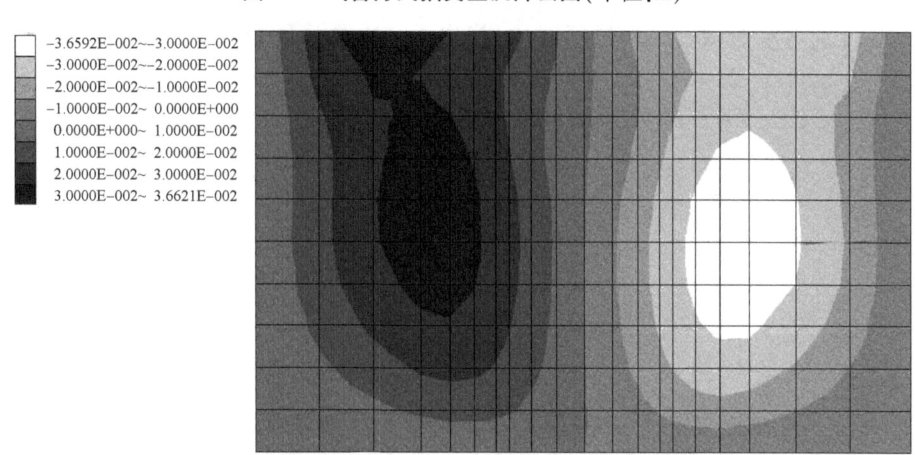

图 8-6　滤管方式抽真空结束时的水平位移云图(单位：m)

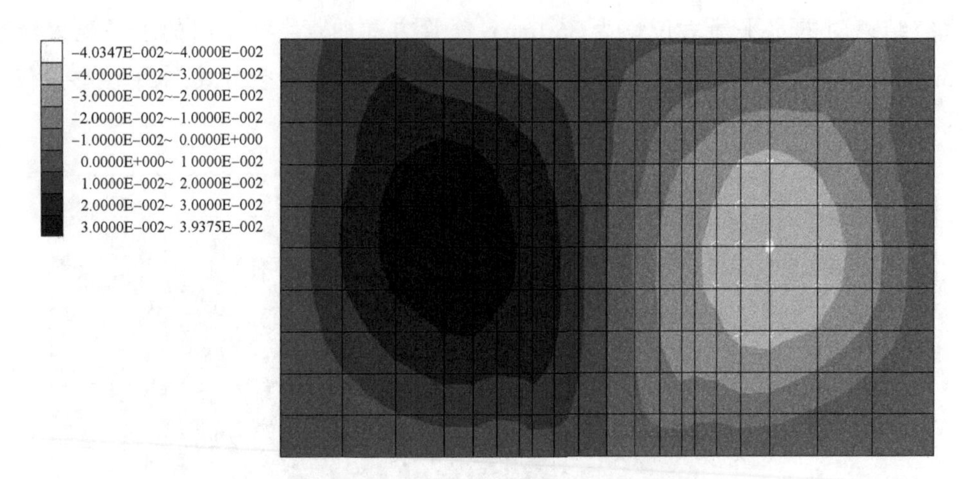

图 8-7　气管方式抽真空结束时的水平位移云图(单位:m)

8.5　小　　结

本章将修正剑桥模型和比奥固结理论相结合,利用数值计算方法对大窑湾北岸吹填土进行了沉降固结特性的研究,并与室内试验结果进行了对比,主要结论如下:

①从大窑湾北岸吹填土的特性出发,详细地对比了软土的各类本构关系,指出了它们的模型参数、应力-应变关系、硬化规律及适用范围。结合大窑湾北岸吹填土特点及室内试验难易程度,认为修正剑桥模型是最为合适的选择。

②吹填土的沉降和固结是一个问题的两个方面,从现有固结理论来看,选用比奥固结理论是最为合适的选择。结合实际情况,对模型的边界条件、参数选取进行了详细的描述。

③将修正剑桥模型和比奥固结理论相结合,建立大窑湾北岸吹填土的流-固耦合计算模型。对比了滤管和气管方式抽真空的沉降和孔压变化规律,并将滤管和气管方式抽真空数值模拟结果分别与室内试验结果进行对比,找出了其中的异同点,阐述了其原因,为工艺的改进提供了参考。

第9章　大窑湾北岸吹填管口区强夯处理研究

9.1　强夯法简介

强夯法是一种经济适用、简单灵活的地基处理工艺，近年来在大面积围海造地工程中得到了广泛的应用。其地基处理原理较为简单，即利用一定质量的重锤，提升至一定高度后让其自由下落，依靠强大的冲击波和夯击能对土体进行加固。该法自诞生以来，以设备简单、施工简便、节省材料、效果显著、经济实用、适用范围广、施工周期短等优点，在大面积地基处理工程中得到广泛的认可。通常该法适用于砂性土、非饱和黏性土与杂填土地基。近年来，随着地基处理技术的进步，将强夯法和置换法相结合，出现了强夯置换等新工艺，其应用范围进一步扩展到饱和软黏土地基。大窑湾北岸吹填土含水率高，当地基无法承受机械荷载时，强夯法无法显示出自身的优越性。但当采用真空预压、堆载预压无法满足上部荷载使用要求时，该地基处理方法的优点表现得尤为突出，且比其他二次地基处理工艺有更高的性价比。

9.2　强夯法的应用与适用范围

使用强夯法进行地基处理时，存在固结和压碎挤密两种现象。固结是指在强夯动载作用下产生超孔隙水压力，并随着时间的推移逐渐排出土体的过程。压碎挤密是指在强夯动载作用下，土体颗粒相互靠拢，引起空隙体积减小。对于固结，人们关注的是孔隙水压力的消散和变形速率问题。对于压碎挤密，人们关注的是最终沉降变形问题。研究人员将第一类问题称为动力固结问题，将第二类问题称为动力压密（挤密）问题。这两类问题对应的地基处理方法分别为动力固结法和动力压密法。

9.2.1　动力固结法

当用强夯法对饱和软黏土进行加固时，尤其是当处理含水率高的淤泥及淤泥质土层时，常出现“橡皮土”现象，使得很多工程案例的处理效果并不理想。但也有处理超高含水率的成功案例，如国外曾经利用强夯法处理过含水率达100%的泥炭质土，并取得了较好的效果。由此可见，采用强夯法对饱和软黏土进行处理时，应注意“橡皮土”现象。此外，应对该工艺进行改进，以便进一步扩展强夯法的应用范围。在大窑湾南、北岸地基处理中应用的强夯置换法便是对改进强夯法的一种有益尝试，取得了一定的成效。

9.2.2 动力压密法

动力压密法指土体受压后土粒靠拢，孔隙体积减小。该法最早应用于法国的一个滨海采石场废土围海造地项目。该场地为新近回填的碎石土，其下是12m厚的松散砂质粉土。采用800kN·m的夯击能处理后，在其上部建造了20栋8层住宅，竣工后平均沉降量仅为13mm，这成为第一个成功应用强夯压密法的案例。由上述说明可知，该法的应用始于粗粒土，并逐渐扩展到低饱和度的细砂土中。到目前为止，认为该法对处理碎石土、砂土、湿陷性黄土、杂填土、低饱和度的粉土和黏性土均有较好的效果。尤其是近10年来随着我国围海造陆的兴起，动力压密法常被作为优先考虑的地基处理方法。

9.3 大窑湾地基处理方法

9.3.1 常用地基处理方法优缺点分析

为了对大窑湾北岸不同区域吹填土进行处理，应结合不同地基处理工艺的适用范围及优缺点进行比选。常用地基处理方法分类、原理、适用范围及优缺点见表9-1。常用地基处理方法的适用土质、加固效果和最大有效处理深度详见表9-2。

常用地基处理方法的分类、原理、适用范围、优缺点 表9-1

分类	处理方法	原理及作用	适用范围	优缺点
换土垫层法	机械碾压法	挖除浅层软弱土层或不良土，分层碾压或夯实土。按回填的材料可分为砂(石)垫层、碎石垫层、粉煤灰垫层、干渣垫层、土(灰土、二灰)垫层等，它可提高持力层的承载力，减小沉降量，消除或部分消除土的湿陷性和胀缩性，防止土的冻胀作用及改善土的抗液化性	常用于开挖土方量较大的回填土方工程。适用于处理浅层非饱和与软弱地基、湿陷性黄土地基、膨胀土地基、季节性冻土地基、素填/杂填土地基	简易可行，但仅限于浅层处理，处理深度一般不大于3m，对湿陷性黄土地基不大于5m。如遇地下水，对于重要工程，需采取降低地下水位的措施
	重锤夯实法		适用于地下水位以上稍湿的黏性土、砂土、湿陷性黄土、杂填土以及分层填土地基	
	平板振动法		适用于处理非饱和无黏性土或黏粒含量少和透水性好的杂填土地基	
	强夯挤淤法	采用边强夯边填碎石并挤淤的方法，在地基中形成碎石墩，可提高地基承载力和减小沉降	适用于厚度较小的淤泥和淤泥质土层，应结合现场试验进行检验	施工速度快，机械简单，但处理深度有限，仅能处理浅部土体

续上表

分类	处理方法	原理及作用	适用范围	优缺点
换土垫层法	柱锤冲扩桩法	反复将柱状重锤提到高处,使其自由下落冲击成孔,然后分层填料,夯实形成扩大状体,与桩间土组成复合地基	适用于处理杂填土、粉土、黏性土、素填土、黄土等地基。对地下水位以下饱和松软土层,应通过现场试验确定其适用性	施工简便,振动及噪声小。地基处理深度不宜超过6m
	爆破法	由于振动而使土体产生液化和变形,从而达到较大密实度,用以提高地基承载力和减小沉降	适用于饱和净砂,非饱和但经常灌水饱和的砂、粉土和湿陷性黄土	多应用于防波堤工程地基处理,多与挤淤法联合应用
深层密实法	强夯法(强夯置换)	强夯法利用强大的夯击能,使深层土液化和动力固结,使土体密实,用以提高地基承载力,减小沉降,消除土的湿陷性、胀缩性和液化性。 强夯置换是对厚度小于8m的软弱土层,边强夯边填碎石,形成深度为3~6m、直径为2m左右的碎石柱体,与周围土体形成复合地基	强夯法适用于碎石土、砂土、素填土、杂填土、低饱和度的粉土和黏性土、湿陷性黄土。强夯置换适用于软弱土层	施工速度快,施工质量容易保证,经处理后土性质较为均匀,造价经济,适用于处理大面积场地,施工时对周围有很大振动和噪声,不宜在闹市区施工。需要有一套强夯设备(重锤、起重机)
	孔内深层强夯法	该法是在强夯置换及柱锤冲扩桩法基础上发展而来的地基处理工艺。通过孔道将强夯引入地基深处,用异型重锤对孔内填料自下而上分层进行高动能、超压强、强挤密的孔内深层强夯作业,使孔内的填料沿竖向深层压密固结的同时,对桩间土进行横向的强力挤密加固。针对不同的土质,采用不同的工艺,将桩体制成串珠状、扩大头和托盘状,有利于桩与桩间土的紧密咬合,增大相互之间的摩阻力。地基处理后,整体刚度均匀,承载力可提高2~9倍,变形模量高,沉降变形小	可适用于大厚度杂填土、湿陷性黄土、软弱土、液化土、风化岩、膨胀土、红黏土以及具有地下人防工事、古墓、岩溶土洞、硬夹层软硬不均等各种复杂疑难问题的地基处理	施工工艺简单,适用范围广,不受地下水影响,地基处理深度最大可达30m以上
	挤密法(碎石、砂石桩挤密法,土、灰土、二灰桩挤密法,石灰桩挤密法)	利用挤密或振动使深层土密实,并在振动或挤密过程中回填砂、砾石、碎石、土、灰土、二灰或石灰等,形成砂桩、碎石桩、土桩、灰土桩、二灰桩或石灰桩,与桩间土一起组成复合地基,从而提高地基承载力,减小沉降,消除或部分消除土的湿陷性或液化性	砂(砂石)桩挤密法、振动水冲法、干振碎石桩法一般适用于杂填土和松散砂土;对于软土地基,经试验证明加固有效时方可使用。土桩、灰土桩、二灰桩挤密法一般适用于地下水位以上深度为5~10m的湿陷性黄土。人工填土石灰桩适用于软弱黏性土和杂填土	施工速度快,施工质量容易保证,经处理后土性质较为均匀,造价经济,适用范围较广

续上表

分类	处理方法	原理及作用	适用范围	优缺点
排水固结法	堆载预压法,真空预压法,降水预压法,电渗排水法	通过布置垂直排水井,改善地基的排水条件,采取加压、抽气、抽水和电渗等措施,加速地基土的固结和强度增长,提高地基土的稳定性,并使沉降提前完成	适用于处理厚度较大的饱和软土和冲积土地基,处理厚的泥炭层时要慎重对待	堆载预压法需要有预压的时间、荷载条件及土石方搬运机械。真空预压法压力不够时,可加上土石方联合堆载;真空泵需长时间抽气,耗电较多。降水预压法无须堆载,效果取决于降低水位的深度,需长时间抽水,耗电较多
胶结法	注浆法(或灌浆法)	通过注入水泥浆液或化学浆液,使土粒胶结,以提高地基承载力,减小沉降,增强稳定性,防止渗漏	适用于处理岩基、砂土、粉土、淤泥质黏土、粉质黏土、黏土和一般人工填土层,也可加固暗浜和使用于托换工程中	施工速度较快,质量有保证,施工费用较高,应注意对环境的影响
	高压喷射注浆法	将带有特殊喷嘴的注浆管,通过钻孔置入处理土层的预定深度,然后将浆液(常用水泥浆)以高压冲切土体,同时以一定的速度旋转提升,形成水泥土圆柱体(若喷嘴提升而不旋转,则形成墙状的胶结体)。可用于提高地基承载力,减小沉降,防止砂土液化、管涌和基坑隆起,建成防渗帷幕	适用于处理淤泥、淤泥质黏土、黏性土、粉土、黄土、砂土、人工填土等地基。当土中含有较多的大粒径块石、坚硬黏性土、植物根系或有机质时,应根据现场试验结果确定其适用性。	如果施工时水泥浆冒出地面,流失量较大,对流失的水泥浆应设法予以利用。施工费用较高
	水泥土搅拌法	分湿法(亦称“深层搅拌法”)和干法(亦称“粉体喷射搅拌法”)两种。湿法是利用深层搅拌机,将水泥浆和地基土在原位拌和;干法是利用喷粉机,将水泥粉或石灰粉与地基土在原位拌和。搅拌后形成柱状水泥土体,可提高地基承载力,减少沉降,增强稳定性,防止渗漏,建成防水帷幕	适用于处理淤泥、淤泥质黏土、粉土和含水率较高且地基承载力标准值不大于120kPa的黏性土地基。当处理泥炭土或地下水具有侵蚀性时,宜通过试验确定其适用性	经济效益显著,目前已成为在软土地基上建造多层建筑物最为经济的处理方法之一,但不能用于含石块的杂填土

各种地基处理方法的适用土质、加固效果和最大有效处理深度 表9-2

分类	处理方法	土质适用情况				加固效果						常用有效处理深度(m)
		淤泥质土	人工填土	黏性土		无黏性土	湿陷性黄土	降低压缩性	提高抗剪性	形成不透水性	改善动力特性	
				饱和土	非饱和土							
浅层加固	换土垫层法	*	*	*	*	—	*	*	*	—	*	3~5
	机械碾压法	—	*	—	*	*	*	*	*	—	—	3
	平板振动法	—	*	—	*	*	*	*	*	—	—	1.5
	重锤夯实法	—	*	—	*	*	*	*	*	—	—	1.5
	柱锤冲扩桩法	Δ	*	Δ	*	*	*	*	*	—	—	2~6
深层加固	强夯法(强夯置换法)	Δ	*	Δ	*	*	*	*	*	—	*	10
	孔内深层强夯法	Δ	*	Δ	*	*	*	*	*	—	*	30
	砂(砂石)桩挤密法	Δ	*	*	*	*	—	*	*	—	*	20
	振动水冲法	Δ	*	*	*	*	—	*	*	—	*	18
	干振碎石桩法	Δ	*	Δ	*	*	—	*	*	—	*	6
	土(灰土、二灰)桩挤密法	Δ	*	Δ	*	—	*	*	*	—	*	20
	石灰桩挤密法	*	—	*	*	—	—	*	*	—	—	20
	堆载预压法	*	—	*	—	—	—	*	*	—	—	15
	真空预压法	*	—	*	—	—	—	*	*	—	—	15
	降水预压法	*	—	*	—	—	—	*	*	—	—	30
	电渗排水法	*	—	*	—	—	—	*	*	—	—	20
	注浆法	*	*	*	*	*	*	*	*	*	*	20
	高压喷射注浆法	*	*	*	*	*	—	*	*	*	—	20
	深层搅拌法	*	—	*	*	—	—	*	*	*	—	18
	粉体喷射搅拌法	*	—	*	*	—	—	*	*	*	—	12

注:“*”代表适用或存在某种加固效果,“Δ”代表适用性应经过现场试验验证,“—”代表不适用或不存在某种加固效果。

9.3.2　各种地基处理方法经济性分析

对于大窑湾北岸大面积吹填土来说,应从地基处理效果、施工工期、经济性等方面进行综合比选。从地基处理加固费用和工期方面对目前常用的地基处理方法进行对比,以强夯法的施工工期和造价为单位1,施工工期比和造价比见表9-3。

国内常用地基处理方法单位面积施工工期比及造价比　　表9-3

方法	强夯法	强夯置换法	真空预压法	高真空击密法	堆载预压法	砂井地基法	灰土桩法	砂石桩法	振冲桩法	搅拌桩法	水泥土桩法	预制桩法	CFG桩法	注浆桩法	灌注桩法	化学法
工期	1.0	1.2	4.0	2.0	10.0	8.0	2.0	2.0	3.0	2.0	2.0	3.0	3.0	3.0	5.0	8.0
造价	1.0	1.2	2.8	3.5	4.0	4.4	2.0	2.4	2.0	4.0	2.4	16	6.0	6.4	12.0	12.0

从上表可以看出,强夯法及强夯置换法是目前造价最省、施工工期最短的地基处理方法,尤其是对大面积地基处理项目,工期和造价将是十分重要的参考因素。

9.3.3　大窑湾南岸地基处理工程案例

9.3.3.1　大窑湾南岸二期续建(三期)工程地基处理情况

为了便于指导大窑湾北岸2~4号塘的地基处理,现以大窑湾南岸三期为例进行说明。从前文的地质资料对比情况看,整体上大窑湾北岸2号塘吹填后的地质情况稍好于南岸三期吹填后的地质情况。大窑湾南岸二期续建(三期)工程17号、18号泊位后方场地,管尾区以浮泥、淤泥、淤泥质黏土为主的超软土地基区域面积约为28.9万m^2,该区域用作重箱、空箱、业务楼及道路场地。设计采用真空联合堆载预压法进行处理,预压前场地打设塑料排水板,塑料板规格为SPB-B型,布置成间距0.8m的正方形,打设深度为12~14m。总预压荷载为158kPa,其中真空预压荷载为80kPa,堆料荷载为78kPa。从加固前后的土性对比情况看,采用真空联合堆载预压法进行处理的效果是显著的,主要体现在含水率从大于120%减小到80%,加固后十字板抗剪强度为加固前的2~3倍。但仍然存在较多的问题,如预压期内土体强度提高缓慢、采用不同方法推求的地基固结度相差较大、部分区域的沉降速率仍然较大、残余沉降量大于30cm、地表硬壳层下土体的承载力达不到180kPa等。

为了解决上述遗留问题进行了论证,经多方研究决定采取二次补强措施,以满足使用期荷载对地基强度及稳定的要求。主要通过采用振冲加强夯和强夯置换法两种处理方式进行补强处理试验,其施工工艺详见表9-4。

试验区施工工艺布置一览表　　　　表9-4

区域	试验区类型	试验区编号	面积(m^2)	桩(夯)距(m)(呈正三角形布置)	打设底高程(m)	施工完成日期	备注
D6区	振冲加强夯	1号	25×35	3.0	-2.5	2006年10月5日	—
		2号	25×35	2.0	-2.5	2006年10月19日	—
		3号	25×35	3.0	穿透软土层	2006年10月17日	—
	强夯置换法	1号	25×35	3.5	—	试验中间终止	—
		2号	16×28	3.5	单点填料$18m^3$	2006年10月17日	4000kN · m
D13区	振冲加强夯	1号	25×35	2.5	-1.5	2006年10月15日	—
		2号	25×35	3.0	-1.5	2006年10月29日	—
		3号	25×35	2.0	-1.5	2006年10月30日	—
	强夯置换法	1号	12.5×35	3.0	单点填料$18m^3$	试验中间终止	2000kN · m
		2号	12.5×35	3.0	单点填料$18m^3$	2006年11月5日	4000kN · m

表9-5为采用振冲碎石桩法和强夯置换法处理后的加固效果对比情况。从加固效果对比情况可以看出,采用振冲碎石桩法和强夯置换法均能对上部4m范围内的土体进行有效加固,且桩体或墩体承载力较高,平均约为240kPa。考虑到施工的经济性,强夯置换法比振冲碎石桩法性价比高。综合比较,二次补强采用强夯置换法最为合理。

振冲碎石桩法与强夯置换法加固效果对比　　　　表9-5

试验区类型	振冲碎石桩试验1区	振冲碎石桩试验2区	振冲碎石桩试验3区	强夯置换试验1区	强夯置换试验2区
效果	桩体动探击数均在6击/10cm以上,桩体连续。4m深度以上土体指标有所提高,4m深度以下变化不大			夯击能有效影响深度2~4m。动探击数7击以上	动探击数7击以上,夯击能量影响深度为5m,四周隆起现象减少
不足	考虑到回填料的不均匀性,桩体强度差异较大			4m深度以下土层强度没有提高,周围隆起很大	对5m深度以下土层影响很小

进行试验性施工后,确定对补强区采用振冲加强夯方式进行补强。从检测结果看,地基承载力、回弹模量均满足设计要求,但也存在一些问题,如碎石桩桩身各部位强度差异较大、桩间土平均标贯击数较小(仅为1击)、改善情况不明显等。

9.3.3.2　大窑湾南岸二期工程地基处理情况

由于试验区距离比较近,振冲碎石桩和高压旋喷桩两个试验区的土体参数较为接近(表9-6),这便于比较两种方法对同一种土体的处理效果。此外,在这两个试验区附近还进行了CFG桩试验,但由于没有相关参数的资料,未列入表中。通过初步分析,认为几个试验区距离较近，土体的参数基本相似。

淤泥质土层主要参数对比　　表 9-6

区域	含水率（%）	湿密度（g/cm^3）	孔隙比	液限（%）	液性指数	压缩系数（MPa^{-1}）	压缩模量（MPa）	固结系数（竖直）（$\times10^{-4}cm^2/s$）	固结系数（水平）（$\times10^{-4}cm^2/s$）	参透系数（$\times10^{-7}cm/s$）
振冲碎石桩试验区	64.4	15.7	1.819	42.8	2.08	1.218	2.32	—	1.40	—
高压旋喷桩试验区	67.9	15.4	1.932	44.2	2.08	1.231	2.32	1.50	1.61	7.50

从检测方法的对比（表 9-7）可以看出，不同的地基处理方式应采用不同的检测方法，其效果对比存在一定的难度，但三类地基处理方法的处理效果均可采用静载试验检验，可以对地基承载力和回弹模量进行直观的对比。

检 测 方 法 对 比　　表 9-7

试验区域	静载荷试验	十字板试验	动力触探	取芯试验	现场观测
振冲碎石桩	√	√	√	—	√
高压旋喷桩	√	√	—	√	√
CFG 桩	√	—	√	√	√

表 9-8 为试验区三种地基处理方法加固效果对比情况。从检测结果看，振冲碎石桩复合地基和高压旋喷桩复合地基承载力及回弹模量均满足设计要求，但高压旋喷桩及 CFG 桩单桩承载力未能达到设计要求。振冲碎石桩属于散体材料桩，不存在桩体材料强度问题，从这一点看，振冲碎石桩整体上要优于高压旋喷桩及 CFG 桩。从三类加固方法的缺点看，振冲碎石桩近工后沉降较大，而其他两类桩的桩体本身的成桩质量存在较大的问题且施工控制较为困难。综合比较，振冲碎石桩缺点相对较少，优于其他两种方法。

加 固 效 果 对 比　　表 9-8

试验区域	振冲碎石桩试验区	高压旋喷桩试验区	CFG 桩试验区
效果	孔隙水压力增长和消散较快，排水效果好。复合地基承载力特征值大于 180kPa，单桩承载力大于 450kN，地基回弹模量大于 60MPa	复合地基承载力特征值大于 180kPa，复合地基回弹模量大于 60MPa。加固前后土体上部强度提高明显	现场施工及抽芯结果表明，CFG 桩底部 5m 左右成桩效果较好
不足	加固前后土体平均强度增量不明显。现场原位堆载模拟试验沉降量超过设计要求，沉降控制有一定问题	加固前后土体下部强度增加不明显，效果差。桩体均匀度较差，局部含软土夹层。单轴无侧限抗压强度小于设计要求。单桩承载力小于设计要求	土体强度较差且软土厚度较大，成桩存在一定的难度，未能达到设计要求。单桩承载力小于设计要求的 440kN

由上述分析可以得到如下几点：

①在处理高含水率、低强度的饱和淤泥质土时，CFG 桩成桩难度大，应慎用。

②由于高压旋喷桩成桩质量控制难度大，在能保证桩体均匀性及强度的前提下是可以采用的，但大面积应用可能导致成本失控。

③振冲碎石桩本身属于散体材料桩，其承载力发挥及沉降控制很大程度上取决于桩间土的侧向约束，因此可用于承载力要求不高、沉降控制不是特别严格的工程区域。

9.3.4　大窑湾北岸地基处理工程案例

大窑湾北岸试夯区位于北岸 4 号-2 塘管口附近。本次进行的试夯项目包括 3000kN · m、5000kN · m 及 8000kN · m 三个能级的强夯。

9.3.4.1　工程地质条件

根据地质勘查资料，试夯区地层自上而下为 8 层，其中主要压缩层为顶部 4 层，具体描述如下。

①-1 碎石素填土：黄褐色，干～湿，夯前松散，夯后中密～密实。以石英岩为主，直径为 20～200mm，占 70%左右，次棱角形，余角砾及散土。人工回填形成。全场地分布，层厚为 1.80～1.90m，平均厚度为 1.85m。层面高程为+6.38～+6.68m，平均高程为+6.53m。

①-2 粉质黏土：灰绿色、黄褐色等，湿，软塑～可塑，混砾砂，夹砾砂薄层或砂团，砂砾占 10%～50%，含少量卵碎石，多为块状黏性土混杂砂砾。吹填形成。全场地分布，层厚为 9.40～9.60m，平均厚度为 9.50m。层面高程为+4.58～+4.78m，平均高程为+4.68m。

①-3 粉土：灰色，湿，松散，含少量角砾。吹填形成。全场地分布，层厚为 2.10～2.60m，平均厚度为 2.35m。层面高程为−5.02～−4.62m，平均高程为−4.82m。

②粉质黏土：灰黑色，湿，流塑～软塑，含少量贝壳碎片与圆砾，夹粉土团、砂团及草炭土、中砂薄层。为海相沉积淤泥质土受上部填土荷载作用部分固结形成。全场地分布，层厚为2.50～2.70m，平均厚度为 2.60m。层面高程为−7.22～−7.12m，平均高程为−7.17m。

③粉质黏土：黄褐色，湿，可塑～硬塑，混砂，夹砂团，含 10%～30%角砾，可见灰色、灰绿色斑点。全场地分布，层厚为 5.5～7.10m，平均厚度为 6.30m。层面高程为−9.82～−9.72m，平均高程为−9.77m。

④黏土：黄褐色、红褐色，湿，可塑～硬塑。全场地分布，层厚为 0.30～2.3m，平均厚度为 1.30m。层面高程为−16.82～−15.32m，平均高程为−16.07m。

⑤-1 全风化泥灰岩：黄褐色，土状，原岩结构可见。全场地分布，层厚为 1.50～1.60m，平均厚度为 1.55m。层面高程为−17.62～−17.12m，平均高程为−17.37m。

⑤-2 中风化石灰岩：灰色，碎块状，泥质结构，块状构造。全场地分布、层面高程为 -19.22～-18.62m，平均高程为-18.92m。未完全揭穿。

9.3.4.2 试夯情况

试夯区尺寸为36m×36m，相邻试夯区间距大于10m。试夯区技术控制按照《建筑地基处理技术规范》(JGJ 79—2012)相关内容执行。施工参数统计情况见表9-9。由该表可以看出，5000kN·m能级强夯夯坑的平均直径、一遍及二遍强夯的累计沉降量大于3000kN·m能级强夯，而一遍、二遍强夯平均击数均小于3000kN·m能级强夯。这说明5000kN·m能级强夯置换体比3000kN·m能级强夯直径大，长度深，而用料更省，整体性能优于3000kN·m能级强夯。两种能级强夯地面隆起量均较小，相差10cm以内。8000kN·m能级强夯出现过多的“夹锤”现象及过大的地面隆起，未能进行试验统计。

北岸试夯区强夯施工参数统计　　表9-9

参数	单位	3000kN·m能级		5000kN·m能级	
		一遍	二遍	一遍	二遍
夯锤重量	kN	19.3	19.3	19.3	19.3
锤底面积	m^2	4.9	4.9	4.9	4.9
落距	m	15.5	15.5	25.9	25.9
夯坑上口直径	m	5.29	3.30	5.32	3.30
夯坑下口直径	m	3.25	2.75	3.29	2.85
累计沉降量	m	2.43	2.09	2.66	2.26
填料量	m^3	45.38	19.14	38.95	18.65
平均击数	击	21	16	17	14
隆起量	m	0.29	0.22	0.35	0.32

9.3.4.3 加固效果

从图9-1和图9-2可以看出，在采用强夯处理后，标贯击数整体上得到了提高。对于3000kN·m能级强夯，8.0m深度以上区域夯后标贯击数提高较为明显，顶部5.0m范围内提高最为明显，标贯击数提高约1倍，夯前、夯后曲线在9.5m深度处重合，说明强夯加固深度最大可达到9.5m。对于5000kN·m能级强夯，在整个检测深度内夯后标贯击数提高均较为明显，说明强夯有效加固深度可达11.0m，其中顶部6.0m范围内提高最为明显，标贯击数提高大于1倍。

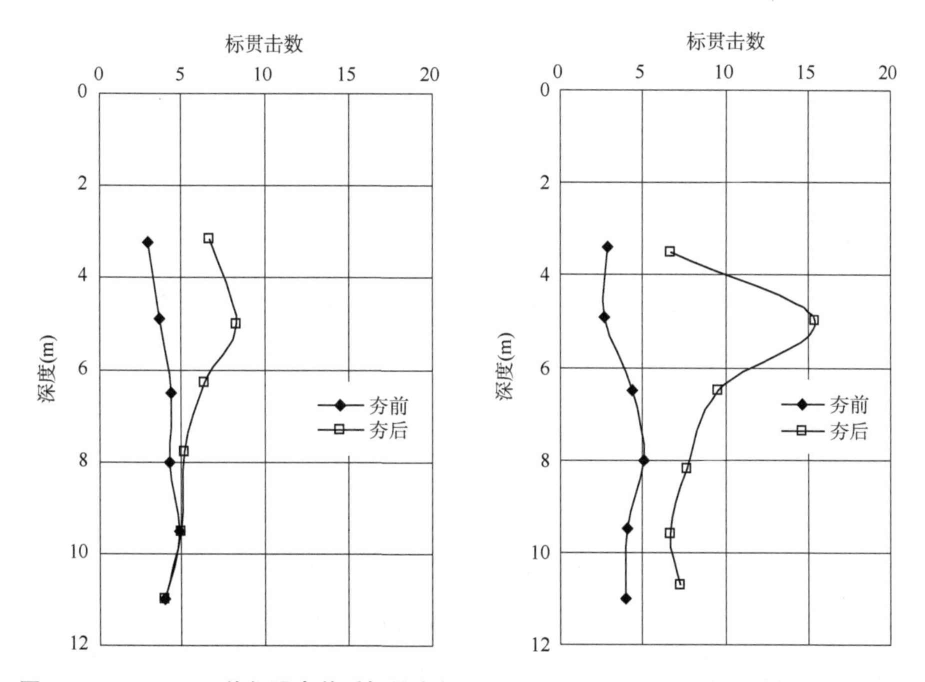

图9-1　3000kN·m能级强夯前后标贯击数　图9-2　5000kN·m能级强夯前后标贯击数

根据大窑湾北岸4号-2塘管口区试夯及检测报告，8000kN·m能级强夯在处理过程中多次出现"夹锤"现象，经多方商议后未能在试夯区进行试夯，仅对3000kN·m能级强夯和5000kN·m能级强夯进行了对比。各方数据表明，5000kN·m能级强夯处理效果较为理想。

9.4　大窑湾北岸强夯地基处理工艺

根据上文对各类地基处理方法的对比，并结合大窑湾南岸工程实例，认为在工作面条件具备且承载力要求大于100kPa时，建议在大窑湾大面积地基处理工程中重点考虑采用强夯法和强夯置换法进行地基处理。

9.4.1　强夯法

9.4.1.1　施工工艺

第一步：清理并平整施工场地，强夯前要削高填低，整平地表。

第二步：铺设垫层，在地表形成硬层，用以支承起重设备，确保机械通行和施工。同时可加大地下水和表层面的距离，防止夯击的效率降低。

第三步：标出第一遍夯击点位置，并测量场地高程。

第四步：起重机就位，使夯锤对准夯点位置，测量夯前锤顶高程。

第五步:将夯锤起吊到预定高度,待夯锤脱钩、自由下落后放下吊钩,测量锤顶高程。若发现因坑底倾斜而造成夯锤倾斜时,应及时将坑底整平。

第六步:按设计规定的夯击次数及控制标准,完成一个夯点的夯击。

第七步:重复第四步~第六步,完成第一遍全部夯点的夯击。

第八步:用推土机将夯坑填平,并测量场地高程。

第九步:在规定的间隔时间后,按上述步骤逐次完成各遍点夯,最后用低能量满夯,将场地表层土夯实,并测量夯后场地高程。

9.4.1.2 施工参数

1)夯锤参数

包括锤重、锤形、锤质、锤底面积、排气孔(大小、位置、数量等)。常规中低能级强夯夯锤的单位面积静压力为25~40kPa,应根据夯击能和起吊设备起吊能力确定锤重。如5000kN·m夯击能可以选择锤重25kN落距20m或锤重30kN落距16.6m。

2)夯击次数及停夯标准

夯击次数宜通过试夯确定,原则上应由夯沉量曲线或有效夯实系数来控制,北岸4号-2塘管口5000kN·m试夯区一遍夯点平均夯击次数为17击,二遍平均夯击次数为14击。最终的停夯标准宜根据夯击次数和最后2击的平均夯沉量进行控制。根据规范及相关经验,最后2击的夯沉量:4000kN·m以下夯击能可取50mm,4000~6000kN·m夯击能可取100mm,6000~10000kN·m夯击能可取200mm。

3)夯间距及夯点布置

夯点的间距宜取2~4倍锤底直径或大致等于预期的有效加固深度。夯点布置可根据地块用途和上部建筑基础类型进行确定,一般采用正三角形和正方形布置,且每边超宽有效加固深度0.5倍以上。

4)间歇时间

强夯的间歇时间取决于土体中超净孔隙水压力的消散情况。对于非饱和土,可以连续施工;对于饱和土,砂土和粉土地基可间隔1~2周;对于渗透性差的黏性土地基,一般间隔3~4周。

9.4.2 强夯置换法

9.4.2.1 施工工艺

强夯置换法与强夯法施工工艺相似,主要由以下步骤组成:

第一步:清理并平整施工场地,强夯前要削高填低,整平地表。

第二步：当表层土特别松软时，宜铺设一层1.0~2.0m厚的砂石垫层。当夯击能较大时，可根据现场试夯结果进行增厚。

第三步：标出第一遍夯击点位置，并测量场地高程。

第四步：起重机就位，使夯锤对准夯点位置，测量夯前锤顶高程。

第五步：将夯锤起吊到预定高度，待夯锤脱钩、自由下落后放下吊钩，测量锤顶高程。当夯坑过深而发生起锤困难时停夯，向夯坑内填料至与坑顶齐平，记录填料量，重复上述步骤直到满足规定的夯击次数及控制标准。当夯点周围软土挤出严重影响施工时，可随时清理并在夯点周围铺垫碎石后继续施工。

第六步：重复第四步~第五步，按由内而外、隔行跳打原则完成全部夯点施工。

第七步：用推土机将夯坑推平，用低能级强夯满夯，将顶部松散土夯实，并测量场地高程。

第八步：铺设垫层，并分层碾压密实；测量最终场地高程。

9.4.2.2　施工参数

1）置换材料

置换材料首选级配良好的块石、碎石、矿渣、建筑垃圾等粗颗粒材料，粒径大于0.3m的颗粒含量不得大于30%。

2）夯击次数及停夯标准

夯点夯击次数根据现场试夯确定，置换体应穿透软弱土层或满足设计要求，累计夯沉量为设计置换体长度的1.5~2.0倍，最后2击的夯沉量参照强夯法确定。

3）夯间距及夯点布置

夯点布置可参照强夯法。夯间距应根据处理部位和基础类型进行选择。当满堂布置时宜取2~3倍锤底直径，对于独立基础和条形基础宜取1.5~2.0倍锤底直径。置换体的直径可取1.1~1.2倍锤底直径。

4）间歇时间和夯锤参数

间歇时间和夯锤参数可参照强夯法，当夯击能相同时，宜采用夯锤静压力较大者或高径比较大者。

9.5　小　　结

本章主要对大窑湾北岸吹填土地基大面积处理方法进行了较为详细的论证，主要内容与结论如下：

①从地基处理效果、施工工期、经济性等方面较为详细地对比了常用地基处理方法的优缺点,认为在有工作面的前提下(吹填淤泥区应先进行预处理),强夯法和强夯置换法是目前大面积地基处理的首选方法。

②通过对比大窑湾南岸地基处理案例,进一步明确了强夯法地基处理的优越性。认为在进行二次处理时,需对比各种方法的处理效果及经济性,根据大窑湾南岸经验,强夯法或强夯置换法性价比较高。结合大窑湾北岸强夯试验区情况,分析了不同能级强夯的加固效果,为大面积应用提供指导。

③为便于给设计及施工提供参考,对强夯法及强夯置换法施工工艺及施工参数进行了详细的说明,以利于在大面积强夯作业中对施工过程进行控制。

第 10 章　结论与建议

大面积吹填土地基处理工程是一个系统工程,而各种地基处理方法互有优缺点,难以用一种地基处理方法解决大窑湾北岸地基处理的所有问题。在实际的工程中,应结合地块的用途、地基基础尺寸与形状、上部结构荷载的大小等多种因素进行综合考虑。由于在进行本项目研究时,大窑湾北岸详细规划还未形成,其各地块用途并未十分明晰,仅从适用性、经济性、时效性等方面进行研究分析。

10.1　结　　论

本书以大连大窑湾北岸吹填淤泥土为研究对象,研究内容主要围绕大窑湾北岸吹填土的特性、处理方法以及相关的控制参数展开。期望在以往工程及本研究的基础上,为大窑湾北岸地基处理工程提供帮助和指导,并为类似工程提供可以借鉴之资料。

现将全部工作总结如下:

①从大窑湾北岸港区建设出发,简述了目前国内外吹填造陆工程的发展现状,并在此基础上详细描述了国内外吹填土处理方法和相关的理论研究,为大窑湾北岸吹填土地基处理指明了方向。

②通过分析大窑湾的区域地质条件,了解大窑湾地层分布情况,并结合大窑湾北岸地质资料对吹填土颗粒组成和矿物组成进行分析和研究。大窑湾北岸待加固区吹填土以粉粒和黏粒为主,其中粉粒含量为60%~70%,黏粒含量为20%~30%。

③通过现场原位试验和室内试验,对大窑湾北岸吹填土物理力学特性进行了研究。从十字板剪切试验和静力触探试验看,大窑湾北岸吹填土力学特性极差,且存在一定的结构。从室内试验看,吹填土的曲率系数小于1,不均匀系数大于5,为级配不良土。

④通过对比大窑湾南、北岸吹填土物理力学性质指标,认为南、北岸吹填土的成分相似,而构成比例不同,北岸土性整体上好于南岸。这为选择经济适用的地基处理方法提供了向导。

⑤为了对北岸高含水率的吹填土进行处理,在室内进行了排水板滤膜淤堵试验研究。主要结论为:排水板滤膜在吹填土加固中具有双重作用,既要充分利用它的渗透排水性能,还要防止排水板出现淤堵现象。由滤膜淤堵试验可知,无论是在加固前还是在加固后,滤膜

的渗透系数与有效孔径均呈正相关关系。

⑥为延缓或减轻排水板滤膜淤堵现象,提出采用分级真空预压的设想,通过理论推导证明了分级真空预压的可行性,并在此基础上设计了室内分级真空预压试验模型。试验结果表明:为达到较好的加固效果,应采用气管和滤管相结合的方式抽真空,从而发挥各自的优势,达到对土体的上部和深部同时进行加固的目的。

⑦软土的固结问题较为复杂,为了便于研究大窑湾北岸吹填土沉降固结特性,将修正剑桥模型和比奥固结理论相结合,通过数值计算分析了大窑湾北岸吹填土在加固过程中的沉降变化、位移变化及孔隙水压力变化等规律,为设计提供可以参考的资料。

⑧结合大窑湾南、北岸地基处理资料,从地基处理效果、施工工期、经济性等多个方面,对目前常用的地基处理方法进行了系统的比较。从比较结果看,对于大面积地基处理工程,强夯法或强夯置换法是性价比最高的地基处理工艺,也是目前的首选方案。并在此基础上,分析研究了适用于强夯法和强夯置换法的地基处理工艺及施工控制参数。

10.2 建　　议

由于大窑湾北岸吹填土处理的复杂性,难以对其进行全面的研究。在本书的基础上,还有很多方面可进一步进行完善。建议如下:

①大窑湾北岸吹填土的颗粒组成与压缩特性的关系还不十分明确,这对于地基处理方法的选择将产生影响。

②由于试验时间的问题,未能进行长期的抽真空试验,未能明确加固时间对滤膜渗透系数的影响。

③分级真空预压理论已经初步建立,并进行了室内试验进行验证,尚需通过现场实践进行检验、调整,从而获得更多的参数和资料。

④吹填土固结理论的模型尚需进一步完善,这也是目前理论研究领域最热门的问题之一。

⑤由于缺乏孔隙水压力的监测资料,难以确定强夯过程中超静孔隙水压力的消散情况,强夯的时效性问题尚需大量的研究,以便确定更为合理的强夯间隔时间。

⑥6000kN · m 能级以上的高能级强夯在试验区效果不好,但高能级强夯的影响深度较大,其置换墩体更深,对沉降控制严格的区域,可增厚上部回填砂石垫层厚度或开始强夯前先采用中等能级进行强夯试夯,从而有效控制夹锤及隆起量过大等问题的出现。由于高能级强夯夯点间距离较大,可在两夯点之间采用低能级强夯进行补夯。具体施工参数应以现场试夯为准。

参 考 文 献

[1] 成玉祥.滨海吹填土结构强度形成机理与真空预压法关键技术研究[D].西安:长安大学,2008.

[2] 钱家欢,殷宗泽.土工原理与计算[M].北京:中国水利水电出版社,1995.

[3] BURLARD J B.On the compressibility and shear strength of natural clays[J].Geotechnique,1990,40(3):329-378.

[4] 张诚厚. 两种结构性粘土的土工特性[J].水利水运科学研究,1983(4):65-71.

[5] 蒋明镜,沈珠江,邢素英,等.结构性粘土研究综述[J].水利水电科技进展,1999(1):28-32+72.

[6] 刘莹,王清.吹填土沉积后微观结构特征定量化研究[J].水文地质工程地质,2006(3):124-128.

[7] 成玉祥,杜东菊,李忠良.结构性吹填土剪切破坏的微结构效应[J].水文地质工程地质,2008 (1):32-35+48.

[8] 马庆寅,王宝勋,杜东菊,等.天津滨海新区软土微观结构试验研究[J].西部探矿工程,2009(9):27-28.

[9] 杨爱武.结构性吹填软土流变特性及其本构模型研究[D].天津:天津大学,2011.

[10] 陈振荣.上海地区吹填土特征及其地基勘探[J].上海地质,1984(2):32-33.

[11] 杨顺安,张瑛玲,刘虎中.深圳地区吹填淤泥的工程特征[J].地质科技情报,1997(3):85-89.

[12] 文家海,严春风,汪东云.吹填软土的工程性质研究[J].重庆建筑大学学报,1999,21(4):79-82.

[13] 彭涛,武威,黄少康,等.吹填淤泥的工程地质特性研究[J].工程勘察,1999(5):1-5.

[14] 王华敬,顾长存,苏慧.钱塘江吹填土的沉淀特性研究[J].连云港职业技术学院学报,2002,15(2):60-63.

[15] 刘莹,王清,肖树芳.不同地区吹填土基本性质对比研究[J].岩土工程技术,2003,4(4):197-200.

[16] 王益国.深圳前海湾新吹填超软土地基的预压加固[C]//工程排水与加固技术理论与实践——第七届全国工程排水与加固技术研讨会论文集.北京:中国水利水电出版社,

2008:212-221.

[17] 关云飞.吹填淤泥固结特性与地基处理试验研究[D].南京:南京水利科学研究院,2011.

[18] GIBSON R E, ENGLAND G L, HUSSEY M J L. The theory of one-dimensional consolidation of saturated clays(Ⅰ)-Finite nonlinear consolidation of thin homogeneous layers [J].Geotechnolique,1967,17(2):261-273.

[19] MIKASA M. The consolidation of soft clay—a new consolidation theory and its application [J].Civil Engineering in Japan, 1965:21-26.

[20] 方开泽,高新科.冲填土一维非线性固结计算[J].人民黄河,1979(6):66-78.

[21] 洪振舜.吹填土的一维大变形固结计算模型[J].河海大学学报,1987(6):27-53.

[22] 洪振舜.一维大变形固结方程的近似函数解[J].水利学报,1988(5):49-54.

[23] 窦宜.自重应力作用下饱和粘土的固结变形特性[J].岩土工程学报,1992,14(6):29-37.

[24] 谢水利,潘秋元.一维大变形固结空间描述和物质描述[J].西安公路学院学报,1993,13(4):28-33.

[25] 谢康和,郑辉,LEO C J.软黏土一维非线性大应变固结解析理论[J].岩土工程学报,2002,24(6):680-684.

[26] ZNIDARCIC D.Laboratory determination of consolidation properties of cohesive soil[D].Boulder, Colorado:University of Colorado,1982.

[27] BEEN K,SILLS G C.Self-weight consolidation of soft soil—an experimental and theoretical study[J].Geotechnique,1981,31(4):519-535.

[28] KRIZEK R J, SOMOGYI F.Perspectives on modeling consolidation of dredged materials[C]//Proceedings of Symposium on Sedimentation Consolidation Models:Predictions and Validation.1984:296-332.

[29] 林政.软土的固结和渗透特性原位测试理论研究及应用[D].杭州:浙江大学,2005.5.

[30] 詹良通,童军,徐浩.吹填土自重沉积固结特性试验研究[J].水利学报,2008,39(2):201-205.

[31] 雷华阳,陈丽,丁小冬.两种类型吹填场区地基土的次固结特性试验研究[J].岩土工程学报,2013(S1):90-96.

[32] 丁金华,包承纲.软基和吹填土上加筋堤的离心模型试验及有限元分析[J].土木工程学报,1999(1):21-25.

[33] 刘守华,蔡正银,徐光明.超深厚吹填粉细砂地基大型离心模型试验研究[J].岩土工程学报,2004(6):846-850.

[34] 杨坪,唐益群,王建秀,等.基于大变形的冲填土自重固结分析及离心模型试验[J].岩石力学及工程学报,2007,26(6):1212-1219.
[35] 徐家海.吹填土软土地基的处理措施[J].浙江水利科技,1981(3):9-17.
[36] 陈环.对新港东突堤吹填土及软基加固的可能方案分析[J].港口工程,1984(2):22-25.
[37] 吴崇礼,陈环,郭述军.使用粉煤灰加速吹填土的固结过程[J].岩土工程学报,1988(5):136.
[38] 刘肇庆.强夯法在新近吹填土地基加固中的应用[J].化工设计,2000(2):26-29.
[39] 赵宜峰.用DC法加固冲填土软弱地基[J].城建档案研究,2000(3):44-45.
[40] 李丽慧,王清,王年香,等.立体式真空降水法分层加固吹填土的可行性研究[J].岩土工程学报,2002(4):522-524.
[41] 谢海澜,王清,李萍.生石灰和水泥混合处理吹填土的试验研究[J].工程地质学报,2003(1):49-53.
[42] 王黎明,韩选江,朱允伟.真空动力固结加固吹填土地基的试验[J].南京工业大学学报(自然科学版),2006(6):57-61.
[43] 武亚军,张孟喜,徐士龙.高真空击密法吹填土地基处理试验研究[J].港工技术,2007(1):43-46.
[44] 叶观宝,王世威,邢皓枫,等.振冲法处理吹填土浅地基的分析[J].施工技术,2007(9):47-51.
[45] 张选岐,江波.东钱湖疏浚吹填试验段湖泊底泥固结处理试验研究[J].人民珠江,2007(4):66-68.
[46] 邹桂梅,苏德荣,黄明勇,等.人工种植盐地碱蓬改良吹填土的试验研究[J].草业科学,2010(4):51-56.
[47] 傅志斌,张丽红,张继星,等.深圳滨海相吹填土固化的试验研究[J].工程勘察,2012(3):7-11.
[48] 孙召花,高明军,黄文君,等.电渗复合真空预压法加固湖相吹填土试验研究[J].科学技术与工程,2014(7):264-267.
[49] 鲍树峰,娄炎,董志良.新近吹填淤泥地基真空固结失效原因分析及对策[J].岩土工程学报,2014(7):150-1359.
[50] 韩选江.大型围海造地吹填土地基处理技术原理及应用[M].北京:中国建筑工业出版社,2009.
[51] 龚晓南,刘松玉.地基处理理论与技术进展[C]//第十届全国地基处理学术讨论会论文集.南京:东南大学出版社,2008.

[52] 中国水利学会围涂开发专业委员会.中国围海工程[M].北京:中国水利水电出版社,2000.

[53] 聂庆科,李华伟,胡建敏,等.新近吹填土地基处理新技术及工程实践[M].北京:中国建筑工业出版社,2012.11.

[54] 何光武,周虎鑫.机场工程特殊土地基处理技术[M].北京:人民交通出版社,2003.

[55] 宋晶.分级真空预压法加固高粘性吹填土的模拟试验与三维颗粒流数值分析[D].长春:吉林大学,2011.

[56] 孙立强.超软吹填土地基真空预压理论及模型试验的研究[D].天津大学,2010.

[57] 杨静.高粘粒含量吹填土加固过程中结构强度的模拟试验研究[D].长春:吉林大学,2009.

[58] 龚镭,余文天.新吹填淤泥的工程性质变化特性研究[J].工程勘察,2008(6).

[59] 中交第二航务工程勘察设计院有限公司,长江航道规划设计研究院.水运工程岩土勘察规范:JTS 133—2013[S].北京:人民交通出版社,2013.

[60] 中交天津港湾工程研究院有限公司.港口工程地基规范:JTS 147-1—2010[S].北京:人民交通出版社,2010.

[61] 中交第一航务工程局有限公司,福建省交通基本建设工程质量监督检测站.水运工程质量检验标准:JTS 257—2008[S].北京:人民交通出版社,2008.

[62] 武汉港湾工程设计研究院.港口工程碎石桩复合地基设计与施工规程:JTJ 246—2004[S].北京:人民交通出版社,2005.

[63] 铁道第四勘察设计院.铁路工程地质原位测试规程:TB 10018—2003[S].北京:中国铁道出版社,2005.

[64] 中国建筑科学研究院.建筑地基处理技术规范:JGJ 79—2012[S].北京:中国建筑工业出版社,2012.

[65] 南京水利科学研究院.土工试验规程:SL 237—1999[S].北京:中国水利水电出版社,1999.

[66] 中华人民共和国水利部.土工试验方法标准:GB/T 50123—1999[S].北京:中国计划出版社,1999.

[67] 塑料排水学术委员会.塑料排水板质量检验标准:JTJ/T 257—96[S].北京:人民交通出版社,1996.

[68] 交通部公路科学研究所.公路工程土工合成材料塑料排水板(带):JT/T 521—2004[S].北京:人民交通出版社,2005.

[69] 中交天津港湾工程研究院有限公司.水运工程塑料排水板应用技术规程:JTS 206-1—

2009[S].北京:人民交通出版社,2009.
[70] 交通运输部天津水运工程科学研究所.一体式同心扩底振冲下部出料装置:201120504802.8[P].2012-08-08.
[71] 交通运输部天津水运工程科学研究所.一种螺旋加筋袋装砂井:201320168399.5 [P].2013-09-18.
[72] 大连港北岸投资开发有限公司.电控可调分级真空预压排水量测试验装置:201420148371.X[P].2014-08-20.
[73] 交通运输部天津水运工程科学研究所.电控可调分级真空预压试验装置:201420148649.3[P].2014-08-20.
[74] 中交水运规划设计院有限公司.大连港大窑湾港区二期工程 15#、16#泊位重箱堆场吹填区复合地基处理试验区监测与检测报告[R].2003.
[75] 天津港湾工程质量检测中心有限公司.大连港大窑湾港区二期续建工程 17#、18#泊位真空联合堆载预压法地基加固效果检测报告[R].2007.
[76] 天津港湾工程质量检测中心有限公司.大连港大窑湾港区二期续建工程 17#、18#泊位真空联合堆载预压法加固后 D6 区、D13 区振冲加强夯及强夯置换试验区加固效果检验[R].2008.
[77] 丹东金地岩土工程有限公司.大窑湾港区北岸中段、东段预留泊位工程岩土工程勘察报告[R].2012.
[78] 丹东金地岩土工程有限公司.大窑湾港区北岸中段集装箱码头工程岩土工程勘察报告[R].2012.
[79] 丹东金地岩土工程有限公司.大窑湾港区北岸 1#汽车码头工程岩土工程勘察报告[R].2012.
[80] 丹东金地岩土工程有限公司.大连港大窑湾港区北岸 4-2#塘岩土工程勘察报告[R].2012.
[81] 丹东金地岩土工程有限公司.大连港大窑湾北岸 2#塘吹填挤淤区岩土工程勘察报告[R].2012.
[82] 丹东金地岩土工程有限公司.大窑湾北岸集装箱码头堆场 4-2#塘试夯检测岩土工程勘察报告[R].2012.